333 Dampflokomotiven, die man kennen muss!

Karl-Wilhelm Koch

333 Dampfloks

die man kennen muss!

GeraMond

50 2740

Die bunte Welt der Dampfloks

Die Dampflokomotiven erscheinen uns als Relikte längst vergangener Tage. Aber sie waren es, die den Wandel im Verkehr im vorletzten Jahrhundert ermöglichten, sie waren es, die mühsame und beschwerliche Reisen mit der Postkutsche über Tage und Wochen zu bequemen Touren von wenigen Stunden oder einem Tag machten. Die Verwandtschaft „kam näher“, was zugegebenermaßen nicht immer ein Vorteil war, Freunde konnten einfacher besucht werden. Geschäfte konnten persönlich abgewickelt werden. Ein Ausflug oder gar ein Urlaub an fernem Ort wurde für viele erreichbar, die zuvor nur davon hätten träumen können.

Bewirkt wurde dieser Wandel von einer Technik, die tierische Arbeitskraft durch maschinelle ersetzte. Sie konnte daher in einem wesentlich größeren Umfang im Vergleich zu bisher erbracht und genutzt werden – und wurde zudem auch erschwinglich. Es reisten nicht mehr nur der Adel und ein geringer Anteil des Bildungsbürgertums, es reisten Greti und Pleti, Reisen wurde erstmalig im Normalbürgertum Teil des Alltags.

Die Dampflokomotive „The Rocket“ des Robert Stephenson gewann 1829 das legendäre Rennen von Rainhill. In den darauffolgenden Jahren lieferte das Unternehmen weitere Lokomotiven für die Liverpool and Manchester Railway und andere Bahnlinien. Auch wenn sich Stephenson später dem Brückenbau zuwandte, so hatte er in der Geschichte der Technik an dieser Stelle ein Kapitel neu eröffnet und die Fortbewegung revolutioniert.

Heute gilt das Verbrennen von Kohle oder Öl als überholt, weil klimaschädigend. Früher war dieser eine Schritt neben dem Ersatz von schwerer körperlicher Arbeit durch Dampfmaschinen der wesentliche zur Industrialisierung. Und die Entwicklung bei der Dampflokomotiven verlief rasant: Bald kam die Aufteilung nach Verwendungszwecken: Die Güterzugloks sollten große Lasten ziehen, die Schnellzugloks dagegen große Geschwindigkeiten erreichen. Die Reichweite wurde mehr und mehr erhöht, der Verbrauch gesenkt, die Bedienung vereinfacht. Meilensteine wie „Adler“, der „Big Boy“, die Garratt-Bauart kennzeichneten die Entwicklungsschritte und spiegelten lange Jahre den Stand der neuesten Technik wider.

Ich wünsche Ihnen viel Spaß beim gedanklichen „Nach“-Reisen und dem Verfolgen der technischen Entwicklungen!

Karl-Wilhelm Koch

Wie in den guten alten Tagen: Die 50 2740 qualmt durch das Seitentälchen der Kyll beim Aufstieg zum höchsten Punkt der Eifelquerbahn bei Dockweiler. Der Fotogüterzug verkehrt im Rahmen der Dampf-Festivals in der Eifel und an der Mosel Ostern 2010.

Inhalt

Die Lokomotive der Baureihe S 3/6, die 18 478, war nach ihrer Außer-Dienststellung 1959 ab 1994 wieder aufgearbeitet und bei Sonderfahrten eingesetzt, hier in Ulm am 26. Mai 2001. Bild: W. u. H. Brutzer

Nicht ganz stilecht dampft die 58 311 mit einem Foto-Güterzug im Rahmen des Dampf-Festival „Eifel-Mosel" 2010 über die mittlerweile stillgelegte Eifelquerbahn bei Hohenfels.

Legende: Deutschland Europa Rest der Welt

Die beiden 01er, die 01 202 und die 01 150 sind im Juni 2015 mit einem Sonderzug über die Gotthardstrecke unterwegs, hier bei Giornico.

Legende: Deutschland Europa Rest der Welt

Auch heute noch sind ganzjährig die formschönen Schmalspurdampfloks der Baureihe 99^{72} im Harz unterwegs. Die 99 7237 hat Wernigerode verlassen und beginnt im herbstlichen Wald den Anstieg zum Brocken.

Die Loks 03.12 und 01.23 der Bulgarischen Staatsbahn haben mit ihrem Sonderzug das Städtchen Kopriv-schitza erreicht. Beide Loks können ihre deutsche Abstammung nicht leugnen …

Die Baureihe 33 der ehemaligen JŽ, deren Lokführer hier auf das Abfahrtsignal wartet, stammt aus der deutschen Kriegsproduktion und entspricht der Baureihe 52 der DRG.

Legende: Deutschland Europa Rest der Welt

Legende: Deutschland Europa Rest der Welt

Spanien

Südafrika

Die ungarische 109 109 stammt noch aus der Zeit der k.u.k.-Monarchie. Sie wurde in den 1980er-Jahren als betriebsfähige Museumsloks aufgearbeitet und versieht seither erfreulich konstant ihren Dienst.

Legende: Deutschland Europa Rest der Welt

 Legende: Deutschland Europa Rest der Welt

„Adler"

Trotz zahlreicher Bemühungen brachte man es in Deutschland Anfang des 19. Jahrhunderts noch nicht fertig, eine eigene, funktionstüchtige Dampflokomotive zu bauen. Konstruktionen aus den Jahren 1816 und 1817 erwiesen sich als Fehlschläge. Die Verlegenheit war daher groß, als der Bayern-König Ludwig I. 1834 den Bau der ersten deutschen Eisenbahnstrecke zwischen Nürnberg und Fürth freigab.

TECHNISCHE DATEN

Hersteller	Robert Stephenson
Lieferung/Indienststellung	1835
Spurweite	Normalspur
Achsfolge	1A1
Länge über Puffer	7,6 m
Masse	14,3 t
Höchstgeschwindigkeit	65 km/h
Leistung	50 kW
Stückzahl	1

Da auch der Vertrag mit einer württembergischen Firma sich zerschlug, sah sich der Gründer der Strecke, Johannes Scharrer, gezwungen, ausgerechnet bei der englischen Firma Stephenson & Co. eine fahrtüchtige Lokomotive zu einem hohen Preis zu bestellen. Bei der gelieferten Maschine handelte es sich um ein vom Lokomotivbau-Pionier Stephenson gebautes Modell der mit Achsfolge 1A1, das in Deutschland fortan als „Adler" bezeichnet wurde. Die Lok war mit einem Schlepptender und einem hinten angebrachten Führerstand ausgestattet und besaß zudem sogenannte verschiebbare Steuerexzenter. Diese Maschine läutete am 7. Dezember 1835 das Eisenbahnzeitalter in Deutschland ein. 1857 wurde sie an einen Eisenhändler verkauft und verschrottet. Von den zwei Nachbauten, die beide im Nürnberger DB-Museum stehen, ist einer betriebsfähig.

1935 entstand ein Nachbau des „Adler". Nachdem der erste Adler-Nachbau bei einem Brand 2005 zerstört wurde, fertigte man einen noch originalgetreueren zweiten Nachbau an. Bild: W.u.H. Brutzer

02

„Beuth"

Nachdem Borsig eine vierachsige Lokomotive (mit dem originellen Namen: Borsig) nach US-Vorbild erfolgreich nachgebaut hatte, entwickelten die Ingenieure der Firma einen dreiachsigen Typ. Die erste Lok dieser Bauart erhielt den Namen „Beuth". Im Vergleich zum „Adler" erhielt sie größere und zudem außenliegende Zylinder. Das vereinfachte die Wartung, denn es machte die Treibzapfen und Treibstangenlager besser zugänglich. Der charakteristische Stehkessel war ein typisches Zeichen früher Borsig-Konstruktionen. Die Höchstgeschwindigkeit lag immerhin bei 42 km/h. Von der Bauart wurden 71 Exemplare gefertigt, die in Norddeutschland zu Einsatz kamen. Die Konstruktion war so erfolgreich, dass zahlreiche weitere Dampflokschmieden der damaligen Zeit sich an der „Beuth" orientierten.

Wussten Sie schon?

Das heutige Ausstellungsstück ist ein detailgetreuer Nachbau von 1912. 2010 wurde er in einer Sonderausstellung im Verkehrsmuseum in Nürnberg präsentiert.

TECHNISCHE DATEN

Hersteller	Borsig
Lieferung/Indienststellung	1842
Spurweite	Normalspur
Achsfolge	1A1
Länge über Puffer	11,5 m
Masse	14,4 t
Höchstgeschwindigkeit	42 km/h
Leistung	k.A.
Stückzahl	71

Der Nachbau der „Beuth" steht heute im Technikmuseum in Berlin.

03

„Borsig"

Die „Borsig" war die erste Lokomotive des gleichnamigen Herstellers in Berlin. Sie wurde 1841 gebaut, im selben Jahr, in dem auch Maffei und Kessler ihre ersten Loks fertig gestellt hatten. Die Lok mit ihrer ungewöhnlichen Achsanordnung 2'A1 wurde nach dem Vorbild einer amerikanischen Norris-Lok gefertigt. Die „Borsig" fuhr für die Berlin-Anhaltische Eisenbahn-Gesellschaft von Berlin nach Jüterbog. In einem Rennen auf dieser Strecke besiegte sie eine Stephenson-Lok deutlich. 1850 wurde sie ausgemustert.

TECHNISCHE DATEN

Hersteller	Borsig, Berlin
Lieferung/Indienststellung	1841
Spurweite	Normalspur
Achsfolge	2'A1
Länge über Puffer	4,3 m
Masse	19,2 t
Treibraddurchmesser	1.372 mm
Höchstgeschwindigkeit	50 km/h
Stückzahl	1

„Borsig" aus Berlin. Bild: Sammlung Udo Paulitz

04

Doppelstockwagen DT

Die oberen Sitzplätze wurden aufgrund der dort erhöhten Rauchbelästigung von den Fahrgästen gemieden. Bild: Sammlung Udo Paulitz

Etwas besonderes war der Doppelstock-Dampftriebwagen von Krauss. Nachdem der Hersteller bereits 1877 mit Dampftriebwagen experimentiert hatte, entschloss man sich zum Bau eines doppelstöckigen Dampfomnibusses mit zwei drehbaren Untergestellen, die leicht vom Wagen getrennt werden konnten. Eine Besonderheit war, dass an beiden Enden des Fahrzeugs Brems- und Regulatoreinrichtungen vorhanden waren, damit der Triebwagen in beide Richtung laufen konnte. Steigungen von bis zu zehn Promille konnte der DT meistern.

TECHNISCHE DATEN

Hersteller	Krauss
Lieferung/Indienststellung	1882
Spurweite	Normalspur
Achsfolge	B'2'
Länge über Puffer	13,1 m
Masse	27,5 t
Treibraddurchmesser	920 mm
Höchstgeschwindigkeit	35 km/h
Leistung	k.A.
Stückzahl	1

05 „Kopernicus"

„Kopernicus" der Großherzoglich Hessischen Staatseisenbahn. Bild: Sammlung Udo Paulitz

Bei den ersten Lokomotiven beherrschte die Achsfolge 1A1 das Feld. Eine der Schönsten ist die von Maffei in München für die staatliche Eisenbahn im Großherzogtum Hessen gebaute Lok „Kopernicus". Diese Lok, die immerhin schon eine Höchstgeschwindigkeit von 70 km/h erreichte, hatte einen zylindrischen Kessel. Die Zylinder lagen vor der ersten Laufachse. Die Dienstmasse war mit 25 t für die damalige Zeit nicht unbedingt gering.

TECHNISCHE DATEN

Hersteller	Maffei
Lieferung/Indienststellung	1850
Spurweite	Normalspur
Achsfolge	1A1
Länge über Puffer	k.A.
Masse	25,0 t
Treibraddurchmesser	1.680 mm
Höchstgeschwindigkeit	70 km/h
Leistung	k.A.
Stückzahl	1

06 „Pluto"

Zweikuppler „Pluto". Bild: Sammlung Udo Paulitz

Diese Lok fuhr ab 1865 auf der Berlin–Hamburger Eisenbahn mit der damals eindrucksvollen Reisegeschwindigkeit von 75 km/h. Die Strecke zwischen den beiden größten deutschen Städten war eine der wichtigsten in Europa. Dementsprechend wichtig war eine schnelle Zugverbindung. Weil die Zylinder der „Pluto" freitragend vor der ersten Treibachse angeordnet waren, konnten die Fahreigenschaften der englischen Lok jedoch nicht überzeugen, denn es kam zu unangenehmen Schlingerbewegungen.

TECHNISCHE DATEN

Hersteller	Borsig
Lieferung/Indienststellung	1865
Spurweite	Normalspur
Achsfolge	B1
Länge über Puffer	k.A.
Masse	35,0 t
Treibraddurchmesser	1.516 mm
Höchstgeschwindigkeit	80 km/h
Stückzahl	1

S 9

07

Im Jahr 1903 erzielten die Schnelltriebwagen von AEG und Siemens einige Geschwindigkeitsrekorde. Das konnte die „Dampf-Fraktion“ nicht auf sich sitzen lassen. Daher baute Henschel eine dreizylindrige Versuchslokomotive, die eine Geschwindigkeit von 150 km/h erreichen sollte. Am 1. und 2. Juni 1904 wurden die Versuchfahrten auf der Strecke Marienfeld–Zossen unternommen. Allerdings erreichte die S 9 „nur“ eine Maximalgeschwindigkeit von 137 km/h, die deutlich unter dem erwarteten Wert lag. Nach diesem enttäuschenden Ergebnis wurde das Projekt abgebrochen.

TECHNISCHE DATEN

Hersteller	Henschel
Lieferung/Indienststellung	1903
Spurweite	Normalspur
Achsfolge	2'B2'
Länge über Puffer	24,8 m
Masse	90,0 t
Treibraddurchmesser	2.200 mm
Höchstgeschwindigkeit	137 km/h
Stückzahl	1

Die als Konkurrenz zum AEG-Triebwagen gebaute S 9 war leider eine ziemliche Enttäuschung. Bild: Sammlung Udo Paulitz

badische III a

08

Die ab 1869 gelieferte badische Gattung III a war eine der elegantesten Lokomotiven. Bild: Sammlung Udo Paulitz

Für den Reiseverkehr bestellte die Badische Staatsbahn 90 Lokomotiven mit der Achsfolge 2B. Der hohe Kesselaufbau, der kurze Achsstand und das weit zurückgestellte vordere Laufdrehgestell waren charakteristisch für die badische Gattung III a. Während die ersten fünf Lieferserien mit einem Crampton-Dampfkessel ausgestattet waren, hatten alle weiteren Lokomotiven einen Belpaire-Kessel.

TECHNISCHE DATEN

Hersteller	MBG, Grafenstaden
Lieferung/Indienststellung	1869–1875
Spurweite	Normalspur
Achsfolge	2B
Länge über Puffer	13,3 m
Masse	34,0 t
Treibraddurchmesser	1.830 mm
Höchstgeschwindigkeit	60 km/h
Leistung	k.A.
Stückzahl	90

09

Baureihe 18^3 (bad IV h)

Nahe am Brandleitetunnel donnert die 18 316 unweit von Oberhof im März 1996 zu Berge. Die Maffeilok war – solange sie betriebsfähig war – ein Highlight bei den Sonderfahrten. Bild: M. Kißler/Archiv W.u.H. Brutzer

Maffei baute die Lokomotiven der Baureihe IV h für die Großherzoglich Badische Staatsbahn. Sie wurde über ein Vierzylinder-Verbund-Triebwerk mit Zweiachsantrieb angetrieben. Zur Steuerung der Lokomotive diente eine außen liegende Heusinger-Steuerung, die sowohl den Niederdruck- als auch den Hochdruckzylinder auf der jeweiligen Lokseite regelte. Sie hatte den bis dahin größten Lokomotivkessel in Deutschland. Da der aber nur Dampftemperaturen um 330°C erreichte, lag der Wasser- und Kohleverbrauch der IV h deutlich höher als bei den späteren Einheitslokomotiven.

Die übliche Drehscheibenlänge maß damals 20 Meter. Um diese nutzen zu können, musste der Tender kürzer als üblich konstruiert werden. Die Ingenieure beschränkten sich auf ein Drehgestell und lagerten die beiden hinteren Radsätze nebeneinander fest im Rahmen.

TECHNISCHE DATEN

Hersteller	Maffei
Lieferung/Indienststellung	1918–1920
Spurweite	Normalspur
Bauart	2'C1' h4v
Länge über Puffer	23,2 m
Masse	97 t
Treibraddurchmesser	2.100 mm
Höchstgeschwindigkeit	140 km/h
Leistung	1.950 bis 2.200 Psi
Stückzahl	20

Bayerische S 2/6

Die bayerische S 2/6 mit der Nummer 3201, hier in einer vom Fotografen sorgfältig inszenierten Seitenansicht. Bild: DB-Museum Nürnberg

TECHNISCHE DATEN	
Hersteller	Maffei
Lieferung/Indienststellung	1906
Spurweite	Normalspur
Bauart	2'B2' h4v
Länge über Puffer	21,1 m
Masse	83,4 t
Höchstgeschwindigkeit	154,2 km/h
Leistung	1.620 kW
Stückzahl	1

Die S 2/6 wurde von Maffei eigenständig für die Königlich Bayerischen Staats-Eisenbahnen als Prototyp gebaut. Sie basierte weitgehend auf der badischen II d und die Triebwerke wurden fast vollständig von der pfälzischen P 4 übernommen. Obwohl die Lokomotive noch unverkleidet war, wurde ein sehr geringer Luftwiderstand erreicht: Der Schornstein hatte Windschneiden, vor den Zylindern war eine gewölbte Verkleidung angebracht und die Rauchkammertür war kegelförmig gestaltet. Am 2. Juli 1907 erreichte Lokführer Johann Zuschanko mit der S 2/6 auf der Strecke zwischen München und Augsburg eine Rekordgeschwindigkeit von 154,2 km/h. Bis 1936 war sie die schnellste Dampflok Deutschlands und kann heute im Verkehrmuseum Nürnberg bewundert werden.

Die bayerische Rekordlokomotive S 2/6 hat auch nach über 100 Jahren nichts von ihrem Ruhm verloren. Bild: Deutsches Museum München

S 3/6 in Blau als Museumslok: 18 478 bei der Durchfahrt in Beimerstetten, Mai 2003. Bild: W.u.H. Brutzer

11 Baureihe 18^{4-5} (bay S 3/6)

Wie auch bei den anderen Länderbahnen waren die alten Zweikuppler den ständig wachsenden Anforderungen Anfang des 20. Jahrhunderts nicht mehr gewachsen. Gerade in Bayern wurde dieser Umstand durch die vielen Steigungsstrecken noch zusätzlich verschärft. Daher wurde die Herstellung einer leistungsfähigeren Lokomotive, der S 3/6, in Auftrag gegeben. Vorbild war die badische IV f, zudem wurden die Erfahrungen bei den Schnellzugloks der Gattungen S 2/5, S 2/6 und S 3/5 berücksichtigt. Abgesehen davon, dass es sich bei ihr um eine schön anzusehende Lokomotive handelte, war sie auch sehr erfolgreich. Die bayerische S 3/6 durfte auch den berühmten Luxusschnellzug „Rheingold" ziehen. Selbst als die Einheitsbaureihe 01 sich mehr und mehr verbreitete, wurde die S 3/6 noch weitergebaut, da viele Strecken sich noch im Umbau befanden und daher den Einsatz der 01er noch nicht zuließen. Erst 1931 wurde das letzte Exemplar fertiggestellt.

▶ Wussten Sie schon?

Bevor sie im Plandienst eingesetzt wurde, erntete die S 3/6 auf der Ausstellung „München 1908" große Bewunderung.

TECHNISCHE DATEN

Hersteller	Maffei
Lieferung/Indienststellung	1908–1931
Spurweite	Normalspur
Bauart	2'C1' h4v
Länge über Puffer	21,3 m
Masse	86,6 t
Treibraddurchmesser	1.870 mm
Höchstgeschwindigkeit	120 km/h
Leistung	1.346 kW
Stückzahl	159

Baureihe 96 (bay Gt 2x4/4)

12

Die achtachsige Mallet-Lok aus Bayern wurde zur Baureihe 96. Bild: Sammlung Udo Paulitz

Diese Tenderlok war die größte, die in Europa bis dahin gebaut worden war. Die Firma Maffei hatte sie für die Steilrampen des Fichtelgebirges konstruiert, wo sie als Schiebelok für 670 t schwere Güterzüge eingesetzt wurde. Die bayerische Bezeichnung zeigte sofort: Es handelte sich um eine Güterzugtenderlok mit zweimal vier angetriebenen Achsen, die in der Bauart Mallet konstruiert war. Nach dem Ersten Weltkrieg wurden noch einmal zehn Maschinen beschafft. In Bayern wurden die Loks 1948 außer Dienst gestellt, eine 96er lief noch bis 1954 in der DDR.

TECHNISCHE DATEN

Hersteller	Maffei
Lieferung/Indienststellung	1913–1923
Spurweite	Normalspur
Bauart	D'D h4vt
Länge über Puffer	17,7 m
Masse	127,0 t
Höchstgeschwindigkeit	50 km/h
Leistung	1.080 kW
Stückzahl	25

Die Firma Maffei, bekannt für hervorragende Lokomotiven, baute auch die 25 Gt 2x4/4. Bild: Sammlung Schwarz

13 Baureihe 98^3 (PtL 2/2 „Glaskasten")

Das „Glaskastl" Gattung PtL 2/2. Bild: Jacobson

Da es in Bayern zu Beginn des 20. Jahrhunderts einen großen Bedarf an Loks für die Lokalbahnen gab, wurde die Gattung PtL 2/2 gebaut. Dank der halbselbsttätigen Schüttfeuerung wurde zum Betrieb nur ein Mann benötigt. Eine Kuriosität bei dieser Lok war die Tatsache, dass die Rückwand mit Schamottesteinen ausgemauert wurde, da zwischen der Feuerbüchse und dem Stehkessel kein Wasserraum vorhanden war. Bei der DR erhielten die Loks die Baureihenbezeichnung 98^3. Bis 1963 hatte die DB die restlichen Exemplare aufs Abstellgleis gesetzt.

TECHNISCHE DATEN

Hersteller	Krauss, Maffei
Lieferung/Indienststellung	1905–14
Spurweite	Normalspur
Bauart	B h2t
Länge über Puffer	6,8 m
Masse	227,0 t
Höchstgeschwindigkeit	50 km/h
Leistung	154 kW
Stückzahl	48

14 Baureihe 98^7 (bay BB II)

Für die steigungs- und kurvenreichen Lokalbahnstrecken der Königlich-Bayerischen Staatseisenbahnen lieferte die Firma Maffei in den Jahren 1899 bis 1908 insgesamt 31 Nassdampflokomotiven der Bauart Mallet mit der Bezeichnung BB II. Eine Besonderheit der Lokomotiven war, dass der Voreilhebel an einem einschienigen Kreuzkopf aufgehängt war, an der gleichzeitig die Schieberschubstange befestigt war. Ein Nachteil der später als Baureihe 98^7 geführten Loks war die Neigung zum Schleudern beim Anfahren auf steigungsreichen Strecken.

TECHNISCHE DATEN

Hersteller	Maffei
Lieferung/Indienststellung	1899–1908
Spurweite	Normalspur
Bauart	B'B n4vt
Länge über Puffer	10,2 m
Masse	42,6 t
Höchstgeschwindigkeit	45 km/h
Leistung	279 kW
Stückzahl	31

98 727 der Baureihe 98^7. Bild: Slg. Koch (1)

Baureihe 16 (oldenburgische S 10)

Von der 1917 produzierten Baureihe 16, amtlich als „oldenburgische S 10“ bezeichnet, wurden lediglich drei Exemplare von der Firma Hanomag produziert. Sie wurden auf der bedeutendsten Schnellzugstrecke des Landes Oldenburg eingesetzt, nämlich Bremen–Oldenburg. Allerdings hatten sie im Gegensatz zu den meisten Fahrzeugen der Preußischen Staatseisenbahnen die in Deutschland seltene Achsfolge 1'C1'. Aufgrund der kurzen Entwicklungsphase durch den Weltkrieg war die Baureihe 16 ziemlich störanfällig und hatte einen durch die ungünstige Lastverteilung bedingten unruhigen Lauf. Zudem neigten die Kessel veranlasst duch Konstruktionsfehler dazu, Risse zu bekommen und undicht zu werden, was Leistungseinbußen und Wartungspausen zur Folge hatte. Nachdem die Schnellstrecke soweit verstärkt worden war, dass sie eine maximale Achslast von 17 t tragen konnte, verlor der hauptsächliche Vorzug der Baureihe 16, nämlich ihre geringe Achslast von nur 15 t an Bedeutung. Daraufhin wurden die drei störanfälligen Exemplare ausgemustert und durch die wesentlich robusteren und Lokomotiven der Baureihe $38^{10\text{-}40}$ (preußische P 8) ersetzt.

Wussten Sie schon?

Die Großherzoglich Oldenburgische Eisenbahn war während der Kaiserzeit eine eigenständige Eisenbahngesellschaft.

TECHNISCHE DATEN

Hersteller	Hanomag
Lieferung/Indienststellung	1917
Spurweite	Normalspur
Bauart	1'C1' h2
Länge über Puffer	20,6 m
Masse	73,0 t
Höchstgeschwindigkeit	100 km/h
Leistung	831 kW
Stückzahl	3

Bei dieser Baureihe hat sich der große Lokomotivenproduzent Hanomag gründlich vertan.
Bild: Sammlung Udo Paulitz

16

„Kiel"

Zwischen 1872 und 1874 wurden von der Hannoveranischen Lokfabrik Hanomag sechs Lokomotiven gebaut. Anstelle der damals schon gebräuchlichen Nummern erhielten sie Städtenamen. Die Lok mit dem Namen „Kiel" lief zunächst bei der Braunschweigischen Staatseisenbahn und ging mit deren Übernahme an die Preußischen Staatsbahnen über, wo sie dann doch eine Betriebsnummer (1417) erhielt und bis 1901 lief. Weitere 60 (!) Jahre tat sie Dienst als Werkslok bei einer Zuckerfabrik in Göttingen.

Die „Kiel" im Technik-Museum in Berlin.

TECHNISCHE DATEN

Hersteller	Hanomag
Lieferung/Indienststellung	1872
Spurweite	Normalspur
Achsfolge	1A
Länge über Puffer	7,7 m
Masse	23,5 t
Höchstgeschwindigkeit	k.A.
Leistung	k.A.
Stückzahl	6

17

Omnibuslok

Als „Omnibus-Züge" wurden Ende des vorletzten Jahrhunderts kurze Lokalzüge in der Fläche, abseits der Ballungsräume, bezeichnet. Oft bestanden sie nur aus einer Lok und einem Waggon. 1880 wurden vier Prototypen einer 1A-Zweizylinder-Verbundlok mit Gepäckabteil vorgestellt, von deren bester Variante Hanomag 1883 zehn weitere Maschinen nachbaute, die erstmalig mit einer Heusinger-Steuerung ausgestattet wurden.

TECHNISCHE DATEN

Hersteller	Henschel
Lieferung/Indienststellung	1880–1883
Spurweite	Normalspur
Achsfolge	1A
Länge über Puffer	6,4 m
Masse	17,2 t
Höchstgeschwindigkeit	65 km/h
Leistung	k.A.
Stückzahl	14

Die Omnibuslok 1907, ebenfalls im Berliner Museum.

preußische S 3

18

Diese Nassdampfloks konnten eine Zuglast von gut 200 t in der Ebene mit 90 km/h befördern. Das war für damalige Verhältnisse eine bemerkenswerte Leistung dieser Schnellzuglok gewesen. Zudem gab es bald darauf auch eine verstärkte Version der S 3, die als S 5 bezeichnet wurde. Von diesen bewährten Maschinen wurden immerhin 239 Stück von der Deutschen Reichsbahngesellschaft übernommen und als Baureihe 13^0 in den Bestand der Reichsbahn eingegliedert. Die letzte preußische S 3 fuhr 1927.

Die S 3 der KPEV erbrachte für damalige Verhältnisse eine erstaunliche Leistung. Bild: Sammlung Paulitz

TECHNISCHE DATEN

Hersteller	Hanomag u.a.
Lieferung/Indienststellung	1892–1904
Spurweite	Normalspur
Bauart	2'B n2v
Länge über Puffer	17,5 m
Masse	50,5 t
Höchstgeschwindigkeit	100 km/h
Leistung	1.050 kW
Stückzahl	1.027

preußische T 16

19

Einen weiteren Entwicklungsschritt versuchte Henschel 1904. Die preußische T 16 war die erste stromlinienverkleidete Lokomotive der Welt. Doch leider konnte diese hervorragende Lok aufgrund ihres zu hohen Gewichtes nicht im Regelbetrieb eingesetzt werden. Später kam sie nach Frankreich. Über ihren weiteren Verbleib ist nichts bekannt. 31 Jahre später griff Henschel die Idee einer stromlinienförmigen Tenderlok mit der Baureihe 61 für die Strecke Berlin–Dresden wieder auf.

Teilverkleidete T 16. Bild: Sammlung Udo Paulitz

TECHNISCHE DATEN

Hersteller	Henschel
Lieferung/Indienststellung	1904
Spurweite	Normalspur
Achsfolge	2'C2'
Länge über Puffer	17,7 m
Masse	123,0 t
Höchstgeschwindigkeit	90 km/h
Leistung	1.471 kW
Stückzahl	1

20

Baureihe 14^0 (pr S 9)

Schnellzuglok der Baureihe 14^0. Bild: Sammlung Udo Paulitz

TECHNISCHE DATEN

Hersteller	Hanomag
Lieferung/Indienststellung	1908–1910
Spurweite	Normalspur
Bauart	2'B1' n4v
Länge über Puffer	21,8 m
Masse	75,5 t
Treibraddurchmesser	1.980 mm
Höchstgeschwindigkeit	110 km/h
Stückzahl	99

Ohne Zweifel war die preußische S 9 (später Baureihe 14^0) eine elegante und beeindruckende Maschine. Allerdings war ihr leider kein großer Erfolg beschieden: Die 99 gebauten Maschinen konnten wegen der nur zwei Treibachsen bloß für kurze Zeit den rasant wachsenden Anforderungen, vor allem in puncto Zugleistung und der Beschleunigung schwerer Züge, gerecht werden. Nach dem Ende des Ersten Weltkriegs musste Deutschland aufgrund der Regelungen des Waffenstillstandsvertrags 21 Exemplare an die Siegermächte abgeben: So verschlug es vier Maschinen nach Frankreich zur Nord-Eisenbahn und 17 Exemplare der Baureihe landeten in Belgien, wo sie noch lange fuhren.

21

Baureihe 17^2 (pr S 10^2)

Auch wenn die Schnellzuglokomotiven der Baureihe 17^2 bereits Mitte der 1930er-Jahre zugunsten der neuen Einheitslokomotiven der Baureihe 03 ausgemustert wurden, waren sie bis dahin für den Schnellverkehr in Norddeutschland unentbehrlich. Vor allem auf der wichtigen Strecke Hamburg–Altona–Bremen–Münster–Aachen verrichteten sie ihren Dienst. Die preußische S 10^2 wurde mit einem durchgehenden Blechrahmen konstruiert, um das Gewicht zu reduzieren. In technischer Hinsicht bestach sie durch bewährte Lokomotivbautechniken, wie zum Beispiel einem Dreizylinder-Triebwerk.

Die S 10^2. Bild: Sammlung Hörnemann

TECHNISCHE DATEN

Hersteller	Vulcan
Lieferung/Indienststellung	ab 1914
Spurweite	Normalspur
Bauart	2'C h3
Länge über Puffer	21,2 m
Masse	80,9 t
Höchstgeschwindigkeit	120 km/h
Leistung	883 kW
Stückzahl	202

Baureihe 38^{10} (pr P 8)

Die preußische P 8 war zweifellos eine der erfolgreichsten und gelungensten Dampfloks Deutschlands. Sie wurde 1906 als zugkräftige Allzwecklok entwickelt, die auch in hügeligen Regionen eingesetzt werden konnte. Robert Garbe entwickelte sie im Konstruktionsbüro BMAG von Grund auf neu. Bei einer Leistung von 1.000 kW erreichte sie im Reiseverkehr 84 km/h. Nach dem Ersten Weltkrieg sah sich Deutschland aufgrund des Waffenstillstandsvertrags gezwungen, viele P 8 an Polen, Belgien und Frankreich abzugeben. Ende des Zweiten Weltkriegs war die P 8 schließlich über ganz Europa verstreut, unter anderem in Österreich, Ungarn, Rumänien, Jugoslawien und Dänemark. Für museale Zwecke werden auch heute noch betriebsfähige P 8 unter anderem in Nürnberg und Berlin erhalten.

▶ Wussten Sie schon?
In Deutschland wurden eine P 8 noch bis zum Jahr 1974 eingesetzt, was sie zu einer der langlebigsten Loks macht.

TECHNISCHE DATEN

Hersteller	Berliner Masch.bau, u.a.
Lieferung/Indienststellung	1906–1930
Spurweite	Normalspur
Bauart	2'C h2
Länge über Puffer	18,5 m
Masse	78,2 t
Höchstgeschwindigkeit	100 km/h
Leistung	1.000 kW
Stückzahl	3.946

Eine P 8 mit einem Messzug im März 1971. Bild: Herbert Stemmler

Die preußischen Dreikuppler der Gattung G 3 wurden in hohen Stückzahlen gebaut. Bild: Slg. GeraMond

23

Baureihe 53^{70-71} (pr G 3)

Die Wirtschaft im neuen Deutschen Reich boomte nach 1871 und der Bedarf an leistungsfähigen Güterzugloks stieg. In Preußen wurden deshalb dreifach gekuppelte Dampfloks der Gattung G 3 gebaut. Sie wurde schnell zur wichtigsten Güterzuglok des Landes und einer der meistgebauten Typen der Welt. Die G 3 war einfach gehalten, robust, hatte aber eine hohe Zugkraft. Dadurch wurde es möglich, schnell eine große Stückzahl herzustellen. Bei der Gründung der Reichsbahn wurden noch 157 Exemplare der G 3 übernommen und in die Baureihe 53^{70-71} eingegliedert. Bis 1930 wurden auch diese Loks ausgemustert. Ihre Nachfolgerin G 4^1 hatte einen höheren Kesseldruck, wodurch ihre Leistungsfähigkeit deutlich höher war. Sie wurde später zur Baureihe 53^{76}. Das einzige erhaltene Exemplar der G 3 ist eine restaurierte Maschine im DB-Museum.

Lokschild der G 3 Baujahr 1884 der KPEV. Dieses Exemplar steht im DB-Museum in Nürnberg. Der Hersteller ist heute unter dem Namen Hanomag berühmt. Bild: Michael Dörflinger

TECHNISCHE DATEN

Hersteller	Henschel, Hanomag u.a.
Lieferung/Indienststellung	1877–1896
Spurweite	Normalspur
Bauart	C n2
Länge über Puffer	15,2 m
Masse	38,0 t
Höchstgeschwindigkeit	45 km/h
Leistung	k.A.
Stückzahl	2.068

Baureihe 55^{0-6} (pr G 7^1)

24

Als die preußischen G 5 Ende des 19. Jahrhunderts den erhöhten Anforderungen insbesondere auf Gebirgsstrecken nicht mehr gewachsen waren, wurde die G 7^1 (später als Baureihe 55^{0-6} von der DRG übernommen) in Auftrag gegeben. Diese neue Dampflokomotive beeindruckte von Anfang an durch ihre überaus hohe Zugkraft und die niedrigen Wartungs- und Beschaffungskosten. Die Vierkuppler bewährten sich vor allem auf Steigungsstrecken, wurden später aber aufgrund der zunehmend schwerer werden Zugmassen auch im Flachland eingesetzt. Zusätzlich wurden 1.646 Verbundloks G 7^2 gebaut.

TECHNISCHE DATEN

Hersteller	Vulcan u.a.
Lieferung/Indienststellung	1893–1917
Spurweite	Normalspur
Bauart	D n2
Länge über Puffer	16,6 m
Masse	52,6 t
Höchstgeschwindigkeit	50 km/h
Leistung	485 kW
Stückzahl	1.202

55 566 im Porträt. Bilder: Slg. Knipping

Baureihe 55^{16-22} (pr G 8)

25

Die Baureihe 55^{16-22} (G 8) wurde als Nachfolgerin der schwächeren preußischen G 7 gebaut. Bild: Sammlung Schwarz

Die um die Jahrhundertwende gebaute 55^{16-22} wurde in Deutschland eingesetzt, um auch Steigungsstrecken gut zu bewältigen. Von der G 8 wurden 1.054 Stück produziert, die zum Teil nach dem Ersten Weltkrieg als Reparationszahlungen ins Ausland gingen. Eine Besonderheit dieser Baureihe war, dass mit ihr erstmals in Preußen eine Heißdampflok gebaut wurde. 1913 wurde sie von der verbesserten G 8^1 abgelöst. Eine G 8 ist in Kranichstein noch erhalten. Sie stammte aus türkischem Besitz.

TECHNISCHE DATEN

Hersteller	Vulcan u.a.
Lieferung/Indienststellung	1902–1913
Spurweite	Normalspur
Bauart	D h2
Länge über Puffer	16,6 m
Masse	52,6 t
Höchstgeschwindigkeit	50 km/h
Leistung	485 kW
Stückzahl	1.054

26

Baureihe $55^{25-56, 58}$ (pr G 8^1)

Die preußische G 8^1 galt als unverwüstliche und leistungsstarke Güterzuglokomotive. Sie brachte es in einigen Fällen auf rund 70 Dienstjahre. Bild: Sammlung Hörnemann

Die BR $55^{25-56, 58}$ (pr G8^1) war eine verstärkte Version der von Robert Garbe entworfenen preußischen G 8. Die wichtigste Veränderung gegenüber der älteren G 8 war der vergrößerte Kessel, der auch zu einer größeren Achslast von 17,6 t führte. Dadurch war die G 8^1 zwar nur auf Hauptstrecken einsetzbar, machte jedoch durch den höheren Reibungsdruck das Sandstreuen meist entbehrlich. Sie wurde vor allem für den schweren Güterverkehr und den schweren Verschubdienst eingesetzt. Mit über 5.100 gebauten Exemplaren war die G 8^1 die zahlenmäßig am stärksten vertretene Lokomotive der Länderbahnen, wovon mehr als 1.000 Stück die beiden Weltkriege überstanden. Allerdings wurden viele Exemplare davon ins Ausland verkauft, unter anderem nach Polen, Rumänien und Schweden. Heute kann die 55 3345 in Eisenbahnmuseum Bochum-Dahlhausen betrachtet werden. Zwischen 1934 und 1941 erhielten 691 Loks eine Vorlaufachse. Damit konnte die Achslast reduziert werden. Die letzte G 8^1 fuhr 1972.

Russische Bahnarbeiter drehen eine Lokomotive der Baureihe 55. Bild: Sammlung Andreas Knipping

TECHNISCHE DATEN

Hersteller	Henschel u.a.
Lieferung/Indienststellung	1913–1921
Spurweite	Normalspur
Bauart	D h2
Länge über Puffer	18,2 m
Masse	69,9 t
Höchstgeschwindigkeit	55 km/h
Leistung	930 kW
Stückzahl	5.155

Baureihe 56^{2-8} (pr G 8^1 mit Laufachse)

Die von der Reichsbahn übernommenen, ursprünglichen preußischen G-8^1-Dampfloks hatten eine ziemlich hohe Achslast von 17,5 t. Allerdings waren sie in gutem Zustand und in großer Anzahl erhalten. Daher entschloss man sich, viele dieser Lokomotiven den neuen Anforderungen anzupassen. Unter anderem wurde nun eine Bissel-Achse eingebaut. Diese als G 8^1 mit Laufachse bezeichnete Lok hatte eine verringerte Achslast von 16,2 t, was ihr Einsatzgebiet vergrößerte. Außerdem durfte sie jetzt aufgrund der Modifikationen statt mit 55 km/h sogar mit einer Geschwindigkeit von 70 km/h verkehren.

Den Umbau der G-8^1-Lokomotiven auf die Achsfolge 1'D nahm die Reichsbahn fast ausschließlich selbst in ihren Ausbesserungswerken vor.

▶ Wussten Sie schon?
Ein vorgeschuhter Rahmen für die Aufnahme der Bissel-Achse war das äußere Kennzeichen der „Laufachsen-G-8^1".

TECHNISCHE DATEN

Hersteller	Umbau: Raw's der DRG
Lieferung/Indienststellung	1934–1941
Spurweite	Normalspur
Bauart	1'D h2
Länge über Puffer	18,2 m
Masse	74,0 t
Treibraddurchmesser	1.350 mm
Höchstgeschwindigkeit	70 km/h
Leistung	925 kW
Stückzahl	691

56 569 in einer alten Aufnahme.

56 569 aus einem etwas anderen Winkel. Nun kann man die Laufachse besser sehen. Bilder: Slg. Hörnemann

28 Baureihe 57^{10-35} (pr G 10)

Von 1910 bis 1927 wurden 2.677 Stück der G 10 an die Preußischen Staatsbahnen und an die DRG geliefert. Weitere 350 Exemplare gingen ins Ausland, in die Türkei und nach Litauen. Die G 10 war eine fünffach gekuppelte Güterzug-Schlepptenderlok, die bereits 1907 vom Eisenbahn-Zentralamt konzipiert worden war. Aufgrund ihrer geringen Achslast von nur 15 t war sie auch auf Nebenstrecken einsetzbar. Nachdem die DRG sie als Baureihe 57^{10-35} übernommen hatte, verbreitete sie sich über ganz Deutschland und wurde zu einer der häufigsten Loks im Land. Nach dem Zweiten Weltkrieg verblieben 165 Exemplare in Österreich und wurden dort unter der Bezeichnung „Reihe 657" bei der ÖBB geführt, die dann 1968 ausgemustert wurden. Im selben Jahr kam auch in Deutschland das Ende.

▶ **Wussten Sie schon?**

Die k.u.k.-Heeresbahn übernahm im Ersten Weltkrieg einige G 10 als Baureihe 680, die in Russland auf den umgespurten Strecken verkehrten.

TECHNISCHE DATEN

Hersteller	Henschel u.a.
Lieferung/Indienststellung	1910–1927
Spurweite	Normalspur
Bauart	E h2
Länge über Puffer	18,9 m
Masse	76,6 t
Höchstgeschwindigkeit	60 km/h
Leistung	825 kW
Stückzahl	2.677 (und 350 Ausland)

Fünfachsige Güterzuglokomotive der Gattung G 10. Bild: Sammlung Hörnemann

Baureihe 58$^{2-3, 4, 5, 10-21}$ (pr G 12)

29

58 311 auf der Drehscheibe des Bahnbetriebswerkes Gerolstein, April 2008.

Jeder Dampflokfreund kennt die berühmten Einheitsloks der Reichsbahn, wie die 01, 03, 44, 52 etc. Es gab aber schon früher Einheitsloks. Sie entstanden im Ersten Weltkrieg, als es darauf ankam, möglichst baugleiche Maschinen mit universal austauschbaren Ersatzteilen oder einheitlicher Bedienung zu haben.

So kam es 1917 bei den Länderbahnen von Preußen, Baden, Württemberg und Sachsen zur Anschaffung der Güterzuglok G 12 (in Sachsen XIII H), einem Fünfkuppler mit vorderer Laufachse. Diese Loks waren vor allem auf gebirgigen Strecken sehr erfolgreich. Das war mit ein Grund, dass sie im Erzgebirge noch bis 1976 liefen. Die DB stellte ihre 58er bereits 1953 ab, sie hatten vorher aber meist nur noch als Heizlokomotiven gedient.

TECHNISCHE DATEN

Hersteller	Henschel u.a.
Lieferung/Indienststellung	1917–1924
Spurweite	Normalspur
Bauart	1'E h3
Länge über Puffer	18 m
Masse	95,7 t
Höchstgeschwindigkeit	65 km/h
Leistung	1.135 kW
Stückzahl	1.478

30 Baureihe 74^{0-3} (pr T 11)

Die preußische T 11. Bild: Slg. Koch (1)

Die T 11 wurde für die Preußischen Staatsbahnen 1903 bis 1910 vorrangig für die Berliner Stadt-, Ring- und Vorortbahnen gebaut. Insgesamt wurden 471 Stück produziert. Bei der T 11 handelte es sich um eine 474 kW starke Lok in Tenderlokbauweise, die auf der Ebene 350 t problemlos mit 70 km/h ziehen konnte. Nach dem Ersten Weltkrieg gab es noch 358 Exemplare, wovon 50 Stück in Polen verblieben. In der DDR waren etwa 55 Exemplare noch bis 1974 in Betrieb. Die Erfurter Industriebahn stellte die 74 231 als Denkmal vor dem Bw Erfurt auf.

TECHNISCHE DATEN

Hersteller	Union, Vulcan, Borsig
Lieferung/Indienststellung	1903–1910
Spurweite	Normalspur
Bauart	1'C n2t
Länge über Puffer	11,1 m
Masse	62,6 t
Höchstgeschwindigkeit	80 km/h
Leistung	474 kW
Stückzahl	471

31 Baureihe 76 (pr T 10)

Preußens T 10. Bild: Sammlung Udo Paulitz

Auch wenn einige Bauteile von der erfolgreichen P 8 übernommen worden waren, war dieser Lok kein großer Erfolg beschieden. Ihr Kessel war aufgrund der fehlenden Nachlaufachse sehr weit nach vorne verschoben worden und sie neigte bei Rückwärtsfahrten zum Entgleisen. Die DRG übernahm elf Lokomotiven der Reihe T 10 von den Preußischen Staatseisenbahnen und reihte sie als Baureihe 76 ein. Kein Exemplar der zwölf von Borsig gebauten Loks ist erhalten geblieben.

TECHNISCHE DATEN

Hersteller	Borsig
Lieferung/Indienststellung	1909–1912
Spurweite	Normalspur
Bauart	2'C h2t
Länge über Puffer	11,8 m
Masse	76,0 t
Höchstgeschwindigkeit	100 km/h
Leistung	720 kW
Stückzahl	12

Baureihe 78 (pr T 18)

Im April 2010 war das Plandampf-Spektakel in Rheinland-Pfalz in der Eifel zu Gast. Die 78 468 verlässt den Bahnhof Kyllburg in Richtung Gerolstein.

Zum Ersatz mehrerer vor dem Ausscheiden stehender Baureihen sollte eine Tenderlokomotive beschafft werden, deren Leistung, Achslast und Höchstgeschwindigkeit in etwa denen der P 8 entsprechen sollten. Weiterhin sollte sie ohne Drehen an den Endstationen Schnell- und Personenzüge im Pendelverkehr auf kürzeren Strecken oder auf grenznahen Strecken befördern können.

Die Stettiner Vulcan-Werke entwickelten eine Version. Sie bekamen auch den Zuschlag für den Bau der meisten Exemplare der T 18. Ab 1923 stiegen Henschel und ab 1925 Hanomag sowie Franco-Belge in die Produktion ein. 458 der Loks gingen an die Preußischen Staatseisenbahnen bzw. nach deren Gründung an die Deutsche Reichsbahn Gesellschaft DRG. In den Bestand der Deutschen Bundesbahn gelangten 424 Lokomotiven, bei der Deutsche Reichsbahn landeten 53 Exemplare. Im Rahmen der Umzeichung ab 1968 bezeichnete die DB die verbliebenen Loks als Baureihe 078.

Die symmetrische Achsfolge 2'C2' hatte ihre Ursache in der Erwartung gleich guter Laufeigenschaften der Tenderlokomotive beim Wendezugbetrieb in beide Richtungen.

TECHNISCHE DATEN

Hersteller	Vulcan, Henschel, Hanomag, Franco-Belge
Lieferung/Indienststellung	1911–1921
Spurweite	Normalspur
Bauart	2'C2' h2t
Länge über Puffer	14,8 m
Masse	105 t
Höchstgeschwindigkeit	90 bzw. 100 km/h
Leistung	838 kW
Stückzahl	534

33

Baureihe 89^{70-75} (pr T 3)

89 7159 sonnt sich vor den Toren im Museum Bochum-Dahlhausen. Bild: U. Prinz, Archiv W. u.H. Brutzer

Dreißig Jahre lang wurden Lokomotiven dieser Bauart produziert, dabei wurden in Preußen 1.369 Maschinen in Dienst gestellt. Andere deutsche Eisenbahnverwaltungen (Mecklenburg, Oldenburg) und zahlreiche Kleinbahnen sicherten sich ebenfalls einige Exemplare. Während sie im 19. Jahrhundert noch auf kleinen Nebenbahnen nach Fahrplan fahren durfte, blieb ihr nach dem Ersten Weltkrieg fast nur noch der Rangierdienst. Die Reichsbahn übernahm noch 572 Loks in ihr neues Ordnungssystem, doch langsam begannen die Kleindiesel-loks die Verschiebebahnhöfe für sich zu gewinnen. Die letzte T 3 hielt allerdings bis 1968 bei der DB durch. Die T 3 war als Zweizylinder-Nassdampftenderlok gebaut. Sie leistete beachtliche 213 kW.

T 3 Baujahr 1901 der KPEV. Bild: Slg. Udo Paulitz

TECHNISCHE DATEN

Hersteller	Henschel u.a.
Lieferung/Indienststellung	1881–1910
Spurweite	Normalspur
Bauart	C n2t
Länge über Puffer	8,5 m
Masse	35,2 t
Höchstgeschwindigkeit	40 km/h
Leistung	213 kW
Stückzahl	1.369

Baureihe 91^0 (pr T 9^2)

Die 91 134 war 1978 Teil einer Ausstellung in Radebeul-Ost. Bild: D. Spillner/Archiv Koch

Die T 9^2 war eine verbesserte Neuauflage der T 9^1, wobei vor allem die Laufeigenschaften optimiert wurden. So wurde die Laufachse von vorn nach hinten verlegt. 1923 waren ursprünglich 235 Maschinen im Dienst. Von der Deutschen Reichsbahn wurden 154 Loks übernommen, diese ordnete ihnen die Baureihe 91^{0-1} zu. Von der Braunschweigischen Landeseisenbahn kamen 1938 noch sechs weitere Maschinen (91 131–136) und im Zweiten Weltkrieg nochmals 13 Loks (91 137–149) aus Polen. Den Krieg waren überstanden nur wenige 91er. 1953 wurde die letzte Lok dieser Baureihe bei der Deutschen Bundesbahn ausgemustert, 1966 folgten die Lokomotiven der Deutschen Reichsbahn.

Die Mecklenburgischen Eisenbahnfreunde Schwerin haben im August 2006 die DR 91 134 erhalten und wieder betriebsfähig aufgearbeitet. Mitte 2009 fuhr sie aus Anlass der Bundesgartenschau in Schwerin ihre ersten Einsätze. Allerdings führte ein Kesselschaden zunächst nochmals zu einer längeren Pause, aber seit Mitte Februar 2016 ist die Maschine betriebsfähig. Die Nachfolge-Baureihe T 9^3 wurde ab dem Jahr 1900 in einer Auflage von 2.000 Stück gebaut und kam bei mehreren Länderbahnen zum Einsatz. Die Reichsbahn übernahm über 1.500 Maschinen, überwiegend aus Preußen.

▶ Wussten Sie schon?

Die 91 134 wurde zuletzt 2015 für über 600.000 Euro in Meiningen weitgehend neu aufgebaut und dabei den aktuellen Fahrtanforderungen angepasst.

TECHNISCHE DATEN

Hersteller	Grafenstaden u.a.
Lieferung/Indienststellung	1892–1901
Spurweite	Normalspur
Bauart	1'C n2t
Länge über Puffer	11,3 m
Masse	54,5 t
Höchstgeschwindigkeit	60 km/h
Leistung	338 kW
Stückzahl	426

35

Baureihe 94^{5-17} (pr T 16^1)

Im Juli 2000 hatte die Museumslok 94 1538 Dienst vor einem Holzzug nach Belgien.

Die preußische Güterzuglok T 16^1 gehört zu den bekanntesten Tenderlokomotiven aus der Länderbahnzeit. Immerhin 1.236 Exemplare dieser verstärkten Nachfolgerin der T 16 wurden gebaut. In den 1920er-Jahren wurde diese Baureihe auch auf den Steilstrecken des Thüringer Waldes eingesetzt, wo man sich bisher mit Zahnstangenbetrieb hochgeschleppt hatte. Nach dem Zweiten Weltkrieg arbeiteten die Preußen noch bis 1973 (DB) und 1974 (DR) weiter, ehe sie in Rente geschickt wurden. Zwei dieser Fünfkuppler sind heute noch betriebsfähig erhalten.

TECHNISCHE DATEN

Hersteller	BMAG, Hanomag u.a.
Lieferung/Indienststellung	1913–1924
Spurweite	Normalspur
Bauart	E h2t
Länge über Puffer	12,6 m
Masse	84,0 t
Höchstgeschwindigkeit	60 km/h
Leistung	1.010 kW
Stückzahl	1.236

Baureihe 95^0 (pr T 20)

Preußen beschäftigte sich seit 1917 mit der Idee, nach dem Vorbild einer Maschine der Halberstadt–Blankenburger Eisenbahn eine Tender-Güterzuglok zu bauen, die dem US-amerikanischen Typ Santa Fe entspricht (Achsformel 1'E1'). Allerdings kam es erst nach dem Zusammenschluss zur Reichsbahn zu einer konkreter werdenden Planung. Borsig baute zwischen 1922 und 1924 45 Stück der in preußischer Tradition T 20 genannten Baureihe. 1925 wurden sie zur Baureihe 95 umgezeichnet. Sie wurden an Steilrampen in der Schwäbischen und Fränkischen Alb sowie in Thüringen eingesetzt. Die Bundesbahn legte ihre Maschinen 1958 still, in der DDR wurden sie 1966 auf Ölfeuerung umgebaut und erst 1980 abgestellt.

TECHNISCHE DATEN

Hersteller	Borsig, Hanomag
Lieferung/Indienststellung	1922–1924
Spurweite	Normalspur
Bauart	1'E1' h2t
Länge über Puffer	15,1 m
Masse	127,0 t
Höchstgeschwindigkeit	65 km/h
Leistung	1.192 kW
Stückzahl	45

▶ **Wussten Sie schon?**

Die Mitglieder der Baureihe 95 gehören zu den größten deutschen Tenderlokomotiven.

Die ölgefeuerte 95 0027 war 1975 einer der Planloks in Saalfeld.

37 Baureihe 38^{2-3} (sä. XII H 2)

Die 38 205. Bild: Dieter Spillner/Archiv Karl-W. Koch

Das Bahnnetz in Sachsen gehörte in der Länderbahnzeit zu den dichtesten in ganz Deutschland. Aufgrund des hohen Bedarfs an leistungsstarken Reisezugloks mussten die alten zweiachsigen Dampfloks ersetzt werden. Auf Grundlage der Gattungen XII H, XII HV sowie der XII H 1 wurde die sächsische XII H 2 in Auftrag gegeben. Da sich diese Maschinen gut bewährten und durch ihre Robustheit auszeichneten, wurden sie des öfteren sogar vor Schnellzügen eingesetzt.

TECHNISCHE DATEN

Hersteller	Hartmann
Lieferung/Indienststellung	1910–1927
Spurweite	Normalspur
Bauart	2'C h2
Länge über Puffer	18,9 m
Masse	73,0 t
Treibraddurchmesser	1.590 mm
Höchstgeschwindigkeit	90 km/h
Stückzahl	169

38 Baureihe 75 (sächsische XIV HT)

Die dreifach gekuppelte Tenderlokomotive sollte vor allem vor den Vorortzügen in den Ballungsräumen in Sachsen zum Einsatz kommen. Ab 1911 wurden in drei Serien insgesamt 106 Lokomotiven in Dienst gestellt. Nach dem Ersten Weltkrieg wurde ein Teil des Bestandes als Reparation an Polen, Belgien und Frankreich abgetreten. Bei der Reichsbahn verblieben nur noch 83 Lokomotiven, ab 1925 als Baureihe 75^5 eingestuft. Nach dem Zweiten Weltkrieg waren es bei der DR (mit Rückläufern) 88 Lokomotiven, darunter auch einige Fahrzeuge, aus Polen und Frankreich. Erhalten blieben 75 501 in Schwarzenberg als Leihgabe und 75 515 im Sächsischen Eisenbahnmuseum in Chemnitz-Hilbersdorf.

Tadellos gepflegt: 75 515 in Chemnitz-Hilbersdorf, Juni 1994. Bild: W. Ragg, Archiv W.u.H. Brutzer

TECHNISCHE DATEN

Hersteller	Sächs. Maschinenfabrik
Lieferung/Indienststellung	1911–1915
Spurweite	Normalspur
Bauart	1'C1' h2t
Länge über Puffer	12,4 m
Masse	76,7 bis 82,2 t
Höchstgeschwindigkeit	75km/h
Leistung	662 kW
Stückzahl	106

Baureihe 18^1 (wü C)

Bereits äußerlich fiel dem damaligen Betrachter die interessante Konstruktion dieser Loks auf: Statt des Barrenrahmens hatte diese Baureihe einen durchgehenden Blechrahmen. Augenfällig waren zudem der niedrige Umlauf mit außenliegendem Hilfsrahmen sowie die Radkästen für die Kuppelachsen. Nicht zuletzt der weit vorne angebrachte Niederdruckzylinder und das strömungsgünstig geformte Führerhaus gaben der „schönen Württembergerin" ihr charakteristisches Aussehen. Von dieser eleganten Lok sind drei Exemplare nach dem Ersten Weltkrieg in Frankreich verblieben.

Die württembergische Gattung C. Bild: Hörnemann

TECHNISCHE DATEN

Hersteller	Masch.fabrik Esslingen
Lieferung/Indienststellung	1909–1921
Spurweite	Normalspur
Bauart	2'C1' h4v
Länge über Puffer	21 m
Masse	87,0 t
Höchstgeschwindigkeit	120 km/h
Leistung	1.353 kW
Stückzahl	41

▶ Wussten Sie schon?
Die württembergische Gattung C war eine klassische Pacific-Lok mit der Achsformel 2'C1', einer Konstruktion aus den USA.

Die C-Loks aus Württemberg wurde in die Baureihe 18^1 der Reichsbahn umgezeichnet. Ihr Beiname war die „schöne Württembergerin". Bild: Sammlung Andreas Knipping

40

Baureihe 59 (wü K)

Die Baureihe 59 aus Württemberg wurde in Deutschland 1953 ausgemustert. In Österreich lief sie noch bis 1957. Bilder: Sammlung Hörnemann

Eindrucksvoll: Die ehemalige württembergische K.

Um eine echte und gute Lok für den schweren Streckenabschnitt der Geislinger Steige zu besitzen, beschaffte die Königlich Württembergische Eisenbahn ab 1917 den einzigen Sechskuppler, der in Deutschland je gebaut wurde, und ordnete ihn als Baureihe K in ihren Bestand ein. Sie wurde später in die Baureihe 59 der Reichsbahn umgezeichnet und auch auf der badischen Schwarzwaldbahn eingesetzt. Ihre Leistungsfähigkeit war enorm. So konnte sie auf einer Fünf-Promille-Steigung einen 1.310 t schweren Zug noch mit einer Geschwindigkeit von 40 km/h hochziehen. Nach der Elektrifizierung der Geislinger Steige gelangten viele 59er nach Österreich, wo sie erfolgreich auf der Semmeringbahn verkehrten. Dort blieben sie bis 1957 im Dienst, während sie bei der DB 1953 abgestellt wurden.

TECHNISCHE DATEN

Hersteller	Esslingen
Lieferung/Indienststellung	1917–1924
Spurweite	Normalspur
Bauart	1'F h4v
Länge über Puffer	20 m
Masse	108,0 t
Höchstgeschwindigkeit	60 km/h
Leistung	1.412 kW
Stückzahl	44

KL2

41

Ab etwa 1900 wurden Loks für den leichten Nebenbahndienst gebraucht. Der Esslinger Maschinenmeister Kittel entwickelte eine Lok mit stehendem Kessel, die von nur einem Mann bedienbar war. Die Lieferung von vier Stück ging zunächst an die Westdeutsche Eisenbahngesellschaft, wurde dort aber nicht gebraucht. Nach der Rückgabe 1910 wurde die Lok „KL2" daher stark modifiziert und ab 1911 zunächst in Tübingen und später in Ulm eingesetzt. Sie lief bis 1970 als Werkslok und dann elf Jahre im Museumsdienst.

Die KL2 steht heute im Technikmuseum in Berlin.

TECHNISCHE DATEN

Hersteller	Maschinenfabrik Esslingen
Lieferung/Indienststellung	1908/Umbau 1911
Spurweite	Normalspur
Achsfolge	B
Länge über Puffer	6,7 m
Masse	20,2 t
Höchstgeschwindigkeit	50 km/h
Leistung	120 PS
Stückzahl	4

wü T

42

Die Württembergischen Staatsbahnen beschafften zwischen 1896 und 1904 zehn zweiachsige Tenderloks für leichte Rangierdienste. Bis zur Reichsbahn-Übernahme schafften es lediglich zwei Maschinen der als Baureihe „T" eingestuften Variante: Eine lief für kurze Zeit mit der Nr. 88 7401 bei der DRG, die T 1005 überlebte dagegen Jahrzehnte als Industrielok und landete in den 1970er Jahren bei der Darmstädter Museumsbahn und 1986 im Berliner Technikmuseum.

TECHNISCHE DATEN

Hersteller	Maschinenb. Heilbronn
Lieferung/Indienststellung	1896–1904
Spurweite	Normalspur
Achsfolge	B t
Länge über Puffer	6,4 m
Masse	14 t
Höchstgeschwindigkeit	30km/h
Leistung	73 kW
Stückzahl	10

Auch die T 1005 steht im Technikmuseum in Berlin.

43

Baureihe 01

Die nach Vorgaben von R. P. Wagner konstruierte Einheitsdampflok in Pazifik-Bauweise brachte es auf ein für die damalige Zeit beachtliche Leistung von 1.650 kW. Sie besaß einen mächtigen Dampfkessel mit einer Rohrlänge von nahezu sechs Metern (5.800 mm). Die in den ersten Loks eingebaute Kupferbüchse wurde bei späteren Exemplaren durch eine aus Stahl ersetzt. Nachdem sie auf Versuchsfahrten ausgiebig getestet worden war, wurde sie von Anfang an im Schnellzugdienst eingesetzt. DB und DR spendierten einigen der verbliebenen Lokomotiven der Baureihe 01 neue Kessel, was zu einer erheblichen Leistungssteigerung führte.

TECHNISCHE DATEN

Hersteller	AEG, Henschel, Krupp u.a.
Lieferung/Indienststellung	1925–1938
Spurweite	Normalspur
Bauart	2'C1'h2
Länge über Puffer	23 m
Masse	111,0 t
Höchstgeschwindigkeit	130 km/h
Leistung	1.650 kW
Stückzahl	231

01 005 bei einer Ausstellung in Radebeul-Ost. Bild: D. Spillner/Archiv Karl-W. Koch

Baureihe 01^{10}

Die Reichsbahn ließ ab 1939 die auf der 01 basierende Dampflok-Baureihe 01^{10} fertigen, da die 01er und 03er bei der Beförderung von rund 350 t auf Rampen mit bis zu 5 ‰ Steigung überfordert waren. Außerdem wurde eine damals moderne Stromlinienverkleidung angebracht, um den Luftwiderstand zu verringern. So war die dreizylindrige Baureihe im Gegensatz zur zweizylindrigen 01 zu Geschwindigkeiten von bis zu 150 km/h in der Lage. Nach dem Zweiten Weltkrieg wurden die Loks mit neuen haltbaren Hochleistungskesseln ausgestattet und zum Teil auf Ölhauptfeuerung umgebaut. Erst in dieser Form erreichte die 01^{10} ihre volle Leistungsfähigkeit und war bis weit in die 60er-Jahre im schweren Schnellzugdienst unverzichtbar. Heute sind noch einige betriebsfähige Exemplare erhalten.

▶ Wussten Sie schon?

Bei den Ulmer Eisenbahnfreunden ist die 01 1066 noch im betriebsfähigen Zustand anzutreffen.

„Nackte" 01 1075 im Jahr 1965. Bild: H. von Engelen

TECHNISCHE DATEN	
Hersteller	Schwartzkopff
Lieferung/Indienststellung	1939–1940
Spurweite	Normalspur
Bauart	2'C1'h3
Länge über Puffer	24 m
Masse	110,0–111,0 t
Treibraddurchmesser	2.000 mm
Höchstgeschwindigkeit	140 km/h
Leistung	1.725–1.815 kW
Stückzahl	55

Eisenbahner verpassen der 01 1089 den letzten Schliff. Bild: Rbd Halle/Slg. Rampp

45

01 1066

Eine der bekanntesten Museumsdampfloks, die 01 1066, soll hier eine besondere Würdigung erfahren. Bild: W.u.H. Brutzer

Für schnelle, lokbespannte Züge beschaffte die DRG stromlininenverkleidete Schnellzuglokomotiven. 01 1066 wurde im Jahr 1940 von Schwartzkopff geliefert, nach dem Ende des Zweiten Weltkriegs wurde die Stromlinienverkleidung entfernt. Die 1954 neubekesselte Lok wurde 1957 auf Ölhauptfeuerung umgebaut.

Ihr letztes Einsatz-Bahnbetriebswerk war Rheine im Emsland, wo sie am 31. Mai 1975 den vermutlich letzten planmäßigen Schnellzug Westdeutschlands zog. Danach wurde sie nach Außerdienststellung ins AW Braunschweig gebracht. Hier kauften die Ulmer Eisenbahnfreunde die Lok als Ersatz für die schadhaft gewordene 01 173. Von 1982 bis 1984 wurde sie einer gründlichen Hauptuntersuchung unterzogen. Seither ist sie wieder aktiv und hat zehntausende Kilometer im In- und Ausland zurückgelegt. Nach einem Unfall Anfang Dezember 1996 wurde sie erneut aufgearbeitet und am 28. April 2001 wieder in Dienst gestellt.

TECHNISCHE DATEN

Hersteller	Schwartzkopff
Lieferung/Indienststellung	1940
Spurweite	Normalspur
Bauart	2'C1' h3
Länge über Puffer	24,1 m
Masse	110,0–111,0 t
Treibraddurchmesser	2.000 mm
Höchstgeschwindigkeit	150 km/h
Leistung	1.817 kW
Stückzahl	55 (BR gesamt)

01 1102

46

Die 01 1102 wurde nach 23 Jahren als Denkmal in Bebra ab 1995 in Meiningen wieder betriebsfähig hergestellt und ging am 6. März 1996 in Dienst. Dabei verpassten ihr die Rekonstrukteure nach den Originalbauplänen die historische Stromlinienverkleidung. Die stahlblaue Lackierung führte schnell zum Spitznamen „Stahlhelm". Im Dezember 2004 war die Lok in einen Unfall verwickelt, sie soll aber wieder betriebsfähig hergestellt werden.

TECHNISCHE DATEN

Hersteller	Schwartzkopff
Lieferung/Indienststellung	1940
Spurweite	Normalspur
Achsfolge	2'C1'h3
Länge über Puffer	24,1 m
Masse	110,0–111,0 t
Treibraddurchmesser	2.000 mm
Höchstgeschwindigkeit	150 km/h
Leistung	1.817 kW
Stückzahl	55 (BR gesamt)

Die eindrucksvolle Stromlinienlok 01 1102 bei Eutingen. Bild: W.u.H. Brutzer

Baureihe 02

47

Auch Missstimmigkeiten konnten zur Herstellung missglückter Lokomotiven führen. So waren die Vertreter der norddeutschen Schule des Lokomotivbaus zwar von der einfacher gestalteten Zwillingsmaschine überzeugt, fertigten aber für süddeutsche Vertreter des Lokomotivausschusses eine lieblos konstruierte Vierzylinder-Verbund-Variante der Baureihe 01 an. Abgesehen vom Triebwerk war die 02 mit der 01 identisch und brachte nur geringe Vorteile in Sachen Zugkraft und Wirtschaftlichkeit, dafür aber einen höheren Unterhaltungsaufwand. Alle Loks wurden in 01 umgebaut.

Die glücklose Verbundversion der 01. Bild: Werner Hubert/Sammlung Andreas Knipping

TECHNISCHE DATEN

Hersteller	Henschel, Maffei
Lieferung/Indienststellung	1926
Spurweite	Normalspur
Bauart	2'C1'h4v
Länge über Puffer	23,7 m
Masse	113,0 t
Treibraddurchmesser	1.600 mm
Höchstgeschwindigkeit	120 km/h
Leistung	1.690 kW
Stückzahl	10

48

Baureihe 03^0

03 169 in Mönchengladbach. Bild: W.u.H. Brutzer

Ab 1930 wurde eine Schnellzuglok für Strecken gebraucht, welche nur geringere Achslasten als bei der 01 zuließen. Die Konstrukteure orientierten sich an der 01, wobei das geringere Gewicht der Maschinen durch die Verwendung eines leichteren Barrenrahmens, eines kleineren Kessels und kleinerer Zylinder erzielt wurde. Diese erfolgreiche Baureihe 03 wurde bis 1938 gebaut. 1959 standen bei der Deutschen Bundesbahn noch 145 Lokomotiven der 03 im Einsatz, die Zahl ging bis 1968 auf 45 Exemplare zurück. 1971 gab es noch zehn Lokomotiven, diese wurden von Ulm aus eingesetzt.

Die Deutsche Reichsbahn (DR) verfügte über 86 Maschinen. Die Reichsbahn rüstete ab 1960 bei den Ausbesserungen die 03er mit Mischvorwärmern und neuen Kesseln aus. Sie wurden noch bis in die späten 1970er im Reisezugdienst eingesetzt, unter anderem von Berlin-Ostbahnhof, Frankfurt (Oder), Halle und Leipzig aus.

Etwa 40 Lokomotiven verblieben nach dem Zweiten Weltkrieg in Polen und wurden von der polnischen Staatsbahn PKP als Baureihe Pm 2 geführt.

TECHNISCHE DATEN NR. 48/49

Hersteller	Borsig, Krupp, Henschel, Schwartzkopff
Lieferung/Indienststellung	1930–1938
Spurweite	Normalspur
Bauart	2'C1' h2
Länge über Puffer	23,9 m
Masse	100,3 t
Höchstgeschwindigkeit	130 km/h
Leistung	1.450 kW
Stückzahl	298

49

03 001

Die 03 001 war nach dem Zweiten Weltkrieg bei der DR verblieben und wurde dort in den späten Jahren als „Traditionslok“ gepflegt sowie bei Jubiläen und Feierlichkeiten eingesetzt. Auch ins benachbarte Ausland führten etliche Sonderfahrten.

Die 03 001 als Gastlok beim Dampflokfest in Decin.

50

Baureihe 03^{10}

Als Weiterentwicklung der Baureihe 03 war eine Serie von 140 Lokomotiven der Reihe 03^{10} mit Vollverkleidung geplant. Durch die Kriegsereignisse wurden bis 1941 aber nur 60 Maschinen in Dienst gestellt. Als Urheberfirma zeichnete Borsig, Berlin. Am Bau beteiligten sich aber auch die Hersteller Krupp und Krauss-Maffei. Wie auch bei den Lokomotiven der Baureihe 01^{10} war die Vollverkleidung mit geschlossener und ausgesparter Triebwerksschürze ausgeführt. 53 Exemplare überlebten den Zweiten Weltkrieg.

TECHNISCHE DATEN

Hersteller	Borsig, Krupp, Krauss-Maffei
Lieferung/Indienststellung	1939–1941
Spurweite	Normalspur
Bauart	2'C 1' h3
Länge über Puffer	23 m
Masse	103,2 t
Höchstgeschwindigkeit	140 km/h
Leistung	1.320 kW
Stückzahl	60

Die vollverkleidete 03 1081 im Bw Wien West am 20. September 1940. Bild: Carl Bellingrodt

51

Baureihe 04 (02^1)

Die Baureihe 04 wurde wegen ihrer unerwartet hohen Leistungsfähigkeit bei der Deutschen Reichsbahn sehr geschätzt. Bild: Slg. Knipping

Die Reichsbahn wollte mit dieser Baureihe neue Wege beschreiten, um die Leistungsfähigkeit ihrer Loks zu erhöhen, den Verbrauch aber zu senken. Die 04 waren Mitteldrucklokomotiven, das heißt, im Vergleich zu herkömmlichen Loks war der Kesseldruck auf 25 bar erhöht worden. Krupp testete auch bei den Kesseln: Einer war aus Kupfer-Mangan-Stahl, der andere aus Chrom-Molybdän-Stahl. Diese Variante bewährte sich hervorragend, während die andere 1939 nach einer Kesselexplosion zerstört wurde.

TECHNISCHE DATEN

Hersteller	Krupp
Lieferung/Indienststellung	1932
Spurweite	Normalspur
Bauart	2'C1' h4v
Länge über Puffer	23,9 m
Masse	106,0 t
Höchstgeschwindigkeit	130 km/h
Leistung	1.700 kW
Stückzahl	2

52

Baureihe 05

Von der 05 wurden nur drei Stück gebaut. Die 2.400 kW starke 05 002 sorgte nach mehreren Versuchsfahrten, bei denen sie 190 km/h erreichte, für Aufsehen: Am 17. Mai 1936 überschritt sie mit einem 200-t-Testzug auf der Strecke Hamburg–Berlin nahe Friesack knapp die „magische" Grenze von 200 km/h und stellte damit einen neuen Weltrekord für Dampfloks auf. Dieser wurde zwar zwei Jahre später von der englischen A 4 „Mallard" knapp übertroffen, allerdings auf einer leicht abschüssigen Strecke. Mit ihrer Stromlinienverkleidung setzte die 05 neue Maßstäbe im Dampflokbau.

05 002 im Hbf Hamburg. Bild: Archiv GeraMond

TECHNISCHE DATEN

Hersteller	Borsig
Lieferung/Indienststellung	1935–1937
Spurweite	Normalspur
Bauart	2'C2'h3
Länge über Puffer	26,2 m
Masse	118,5 t
Höchstgeschwindigkeit	200,4 km/h
Leistung	1.837 kW
Stückzahl	3

Die Stromlinienverkleidung der 05 wurde während des Zweiten Weltkriegs entfernt. Bild: Sammlung Rampp

In den 1930er-Jahren war die Stromlinienlok das Nonplusultra im Schnellverkehr. Die 05 003 wurde für bessere Sicht „umgedreht". Bild: Sammlung: Andreas Knipping

53

05 003

Die letzte der drei Baumuster der Stromlinien-Baureihe 05 war 1937 als Versuchslok mit Kohlenstaubfeuerung und einem vorn liegenden Führerstand gebaut worden. Sie war die erste deutsche Lok mit Verbrennungskammer. Bis zum Sommer 1944 stand sie auf dem Abstellgleis, als man auch sie für den „totalen Krieg" mobilisierte. Die Stromlinienhülle wurde abgenommen und es erfolgte ein Rückbau zur konventionellen Dampflok. Allerdings schaffte sie dann lediglich eine Laufleistung von 503 km.

▶ Wussten Sie schon?

Von 1950 bis 1957 fuhr die 05 003 – nun allerdings weiter unverkleidet – vereinzelt vor hochwertigen Fernzügen der DB.

05 003 in Kriegsbemalung. Bild: Deutsches Lokomotivbildarchiv/Sammlung Andreas Knipping

TECHNISCHE DATEN

Hersteller	Borsig
Lieferung/Indienststellung	1937
Spurweite	Normalspur
Bauart	2'C2'h3
Länge über Puffer	26,2 m
Masse	118,5 t
Treibraddurchmesser	2.300 mm
Höchstgeschwindigkeit	200,4 km/h
Leistung	1.837 kW
Stückzahl	1

54

Baureihe 06

Obwohl bereits 1934 beauftragt, verzögerte sich die Lieferung der 06 bis 1939, da es vor allem mit dem Kessel große Probleme gab. Auf Anweisung des Chefs des Reichszentralamts für Maschinenbau Wagner war zur Leistungssteigerung ein extremer Langrohrkessel gebaut worden. Den gleichen hatte zwar auch die Baureihe 45, doch diese Güterzugloks erreichten nicht die kritischen Geschwindigkeiten. US-Hersteller hatten gezeigt, dass im Gegensatz zu Wagners Auffassung eine Vergrößerung der Verdampfungsheizfläche der richtige Weg war. Wegen Kesselschäden fuhren die beiden Loks nur unregelmäßig und wurden nach dem Krieg ausgemustert.

Die stärkste in Deutschland gebaute Schnellzug-Dampflok von Krupp. Bild: Sammlung Udo Paulitz

TECHNISCHE DATEN

Hersteller	Krupp
Lieferung/Indienststellung	1939
Spurweite	Normalspur
Bauart	2'D2' h3
Länge über Puffer	26 m
Masse	222,0 t
Höchstgeschwindigkeit	140 km/h
Leistung	2.058 kW
Stückzahl	2

Ein Riese, der die Grenzen des Möglichen überschritt: die Baureihe 06. Bild: Hermann Maey/Slg.Knipping

H 17 206

55

Als die Konkurrenz der Elektro- und Verbrennungsmotoren immer stärker wurde, forschte man auch in der Dampfloktechnik. So entstand 1925 bei Henschel aus der 1915 gebauten Schnellzuglok der Reihe S 10^2 die erste deutsche Hochdrucklokomotive, die die Nummer

Hochdruckdampflok H 17. Bild: Carl Bellingrodt/Sammlung Andreas Knipping

H 17 206 erhielt. In den Innenzylindern wurde der Dampfdruck auf 60 at komprimiert, um dadurch die Leistung zu erhöhen. Der hohe Wartungsaufwand relativierte das Leistungsplus und machte eine effektiven Regelbetrieb unmöglich. 1936 wurde die Lok ausgemustert.

TECHNISCHE DATEN

Hersteller	Henschel
Lieferung/Indienststellung	1915, Umbau 1925
Spurweite	Normalspur
Bauart	2'C h3(v)
Länge über Puffer	21,2 m
Masse	152,0 t
Höchstgeschwindigkeit	110 km/h
Leistung	1.025 kW
Stückzahl	1

T 18 1001

56

Turbinenlok T 18 1001. Bild: Carl Bellingrodt/Sammlung Andreas Knipping

Mitte der 1920er-Jahre, als das Interesse der Ingenieure an der Turbinentechnik im Fahrzeugbau noch ungebrochen war, bestellte die Reichsbahn bei Krupp eine Versuchslok, mit der man Erfahrungen mit der Turbinentechnik im Dampflokbau sammeln wollte. Bei Probefahrten erreichte sie hervorragende Verbrauchswerte. 1940 fiel sie einem Bombenangriff zum Opfer. Eine zweite Lok, die als T 18 002 bezeichnet wurde, stammte von Maffei. Sie war deutlich weniger sparsam.

TECHNISCHE DATEN

Hersteller	Krupp
Lieferung/Indienststellung	1924
Spurweite	Normalspur
Bauart	2'C1' h
Länge über Puffer	23,4 m
Masse	178,0 t
Höchstgeschwindigkeit	110 km/h
Leistung	1.480 kW
Stückzahl	1

19 1001

Eine der spektakulärsten Versuchsloks der Reichsbahnzeit stellte die stromlinienverkleidete Dampfmotorlok 19 1001 dar. Bild: Hermann Maey/Sammlung Andreas Knipping

Im Herstellungsjahr der überaus erfolgreichen Loks 05 001 und 002 bat die DRG verschiedene Hersteller um Pläne für eine Dampflok mit Einzelachsantrieb. Nachdem die ersten Vorschläge aufgrund der schlechten Wirtschaftslage der Bahn nicht berücksichtigt werden konnten, setzte man einen neuen Vorschlag der Firma Henschel in die Tat um. Nach rund zweijähriger Verzögerung konnte die stromlinienverkleidete Dampflok 19 1001 fertig gestellt werden. Bei dieser ungewöhnlichen Lok erfolgte die Kraftübertragung zwischen Dampfmotor und Treibrad mittels einer Siemens-Pawelka-Kupplung. Nach weiteren Modifikationen erreichte die Lokomotive die vorgesehene Maximalgeschwindigkeit von 175 km/h, wobei die Maschine beim Anfahren immer wieder Probleme bereitete. Ab Mai 1943 wurde sie vor D- und Fronturlauber-Zügen eingesetzt, bis sie im Jahr 1944 von einer Bombe getroffen wurde. Die amerikanische Armee ließ die 19 1001 in die USA verschiffen, wo sie auf diversen Ausstellungen präsentiert wurde. 1953 wurde die Lok verschrottet.

▶ Wussten Sie schon?

Der Zweite Weltkrieg verhinderte eine eingehende Erprobung des konzeptionell verheißungsvollen Einzelgängers.

TECHNISCHE DATEN

Hersteller	Henschel
Lieferung/Indienststellung	1941
Spurweite	Normalspur
Bauart	1'Do1' h8
Länge über Puffer	23,9 m
Masse	109,0 t
Höchstgeschwindigkeit	175 km/h
Leistung	1.250 kW
Stückzahl	1

Baureihe 23

Eines der Standbeine der Reichbahn waren die weit über 2.500 Personenzugloks der preußischen Baureihe P 8, die als 38^{10} noch lange Jahre ihren Dienst taten. Deshalb wurde die neue Baureihe 23 konzipiert, die – so der Plan – in 800 Exemplaren gebaut werden sollte. Dabei stammten Kessel und Tender von der gleichzeitig entwickelten Güterzuglokbaureihe 50, der Rest wurde nach dem Vorbild der P8 neu konstruiert. Bei Schichau im ostpreußischen Elbing wurden zwei Prototypen gebaut.

Wegen des Zweiten Weltkriegs wurde auf die Umsetzung der Serienfertigung verzichtet. Stattdessen erhielten die 50 und ihre entfeinerte Nachfolgerin 52 den Vorzug und wurden in Massen produziert. Nach Kriegsende kamen die beiden Prototypen zur Reichsbahn in die sowjetische Besatzungszone. 23 002 wurde 1959 abgestellt, ihre Schwesterlok wurde zwei Jahre später noch rekonstruiert und absolvierte bis 1974 weiter ihren Dienst für die DR. Die Neubaureihe 23 der Bundesbahn war ein eigenständiger Entwurf, die 23^{10} der DR hatte hingegen viele Merkmale dieser Baureihe übernommen.

▶ Wussten Sie schon?
Lok 23 001 wurde 1961 von der Deutschen Reichsbahn der DDR mit einem Neubaukessel der Reko-Baureihe 50 ausgestattet.

TECHNISCHE DATEN	
Hersteller	Schichau
Lieferung/Indienststellung	1941
Spurweite	Normalspur
Bauart	1'C1' h2
Länge über Puffer	22,9 m
Masse	88,4 t
Treibraddurchmesser	1.750 mm
Höchstgeschwindigkeit	110 km/h
Leistung	1.100 kW
Stückzahl	2

Porträt der 23 001 mit großen Wagner-Windleitblechen Bild: Hermann Maey/Sammlung Knipping

59

Baureihe 24

Eine Doppeltraktion aus den beiden 24er-Museumsloks im Sauerland.

Die Baureihe 24 wurde parallel zur Baureihe 64 (und 86) entwickelt und hatte etliche gemeinsame Bauteile wie Kessel, Zylinder, Triebwerk und Radsätze. Zur besseren Gewichtsverteilung wurde der Kessel weit vorne liegend verbaut. Die großen Wagner-Windleitbleche wurden bei den in Westdeutschland verbliebenen Loks gegen Witte-Windleitbleche ausgetauscht. Die Lok 24 009 war nach Außerdienststellung der Baureihe noch lange Jahre als Museumslok im Einsatz.

TECHNISCHE DATEN

Hersteller	Borsig u.a.
Lieferung/Indienststellung	1928–1940
Spurweite	Normalspur
Bauart	1'C h2
Länge über Puffer	17 m
Masse	57,4 t
Treibraddurchmesser	1.500 mm
Höchstgeschwindigkeit	90 km/h
Leistung	676 kW
Stückzahl	95

60

Baureihe 41 (DR 41^{10})

Um dem in den 1930er-Jahren aufkommenden Kraftverkehr etwas entgegensetzen zu können, musste die Deutsche Reichsbahn Gesellschaft die Geschwindigkeit der Güterzüge auf mindestens 90 km/h erhöhen. Deshalb wurde die Baureihe 41 in Auftrag gegeben. Trotz der anfänglichen Probleme mit dem Dampfkessel bewährten sich die neuen Lokomotiven im schnellen Güterzugdienst auch auf Mittelgebirgsstrecken sehr gut, zumindest nachdem der anfängliche Kesseldruck von 20 auf 16 bar reduziert worden war.

41 360. Bild: Claus-Jürgen Jacobson

TECHNISCHE DATEN

Hersteller	Schwartzkopff
Lieferung/Indienststellung	1936–1941
Spurweite	Normalspur
Bauart	1'D1'h2
Länge über Puffer	23,9 m
Masse	101,0 t
Höchstgeschwindigkeit	90 km/h
Leistung	1.400 kW
Stückzahl	366

Baureihe 42

Bei den Einheitsloks wurden mit der Achsfolge 1'E zwei verschiedene Größen von Güterloks gebaut: Die schwere, für einen Achsdruck von 20 t ausgelegte 44er und die Baureihe 50 für 15 t. Man wollte eine Lok ohne ein aufwendiges Drillingsfahrwerk wie bei der Baureihe 44, die ähnlich wie die 52 schnell produziert werden konnte. Die Achsfahrmasse sollte bei 18 t liegen, also etwa der 03 entsprechen. Die beiden Brotankesselloks waren die einzigen beiden Exemplare, die bereits 1943 ausgeliefert werden konnten. Von den 8.000 geplanten wurden lediglich 1.061 fertig. Wegen ihrer schlechten Laufeigenschaften wurden die 701 von der Bundesbahn übernommenen Lokomotiven schon bis 1954 komplett ausgemustert. In der DDR, Österreich und einigen anderen Staaten wurde der 42 eine längere Dienstzeit gegönnt.

▶ Wussten Sie schon?

Außergewöhnlich waren zwei von Henschel produzierte Loks (42 0001 und 42 0002), die den in Ungarn häufig vorkommenden Brotankessel verpasst bekamen.

TECHNISCHE DATEN

Hersteller	Schwartzkopff, Esslingen, Wiener Lokfabrik
Lieferung/Indienststellung	1943–1949
Spurweite	Normalspur
Bauart	1'E h2
Länge über Puffer	23 m
Masse	96,9 t
Treibraddurchmesser	1.400 mm
Höchstgeschwindigkeit	80 km/h
Leistung	1.323 kW
Stückzahl	1.061

Eine Kriegslok, konstruiert für schnelle Fertigung, war die Baureihe 42. Das abgebildete Baumuster war eines von zweien mit Brotankessel. Bild: Hermann Maey/Sammlung Andreas Knipping

Die 43: Unverzichtbar in der Zeit des Wiederaufbaus. Bild: Werner Hubert/Sammlung Andreas Knipping

62

Baureihe 43

Die 43er waren der Versuch, eine preisgünstigere Alternative zur Dreizylinder-Güterzuglok der Baureihe 44 zu entwickeln. So waren die beiden Modelle bis auf die Zylinder und das Triebwerk identisch. Die Tests verliefen erfolgreich, so dass es noch zu einer weiteren Bestellung kam. Im oberen Leistungsbereich blieb allerdings die 44 Sieger. Das war einer der Gründe, warum den lediglich 35 43ern fast 2.000 Loks der Baureihe 44 gegenüberstanden. Der zweite „Lebensabschnitt" führte sämtliche Exemplare der Baureihe 43 in die Deutsche Reichsbahn der DDR, wo die letzten noch bis ins Jahr 1968 Dienst taten. 1960 waren einige noch modernisiert worden. Ein Baumuster steht als Denkmalslok in Dresden.

▶ **Wussten Sie schon?**

Die Baureihe 43 kam nach dem Zweiten Weltkrieg komplett zur DR und erwies sich in der DDR als zuverlässige Güterzuglok.

TECHNISCHE DATEN

Hersteller	Henschel, Schwartzkopff
Lieferung/Indienststellung	1926–1928
Spurweite	Normalspur
Bauart	1'E h2
Länge über Puffer	22,6 m
Masse	110,8 t
Höchstgeschwindigkeit	70 km/h
Leistung	1.850 kW
Stückzahl	35

Güterzuglok 43. Bild: Werner Hubert/Slg. Knipping

Baureihe 44

63

Bei der Baureihe 44 der DR handelte es sich um eine fünffach gekuppelte Dampflok für den schweren Güterverkehr. Sie war darauf ausgelegt, 1.200 t auf Mittelgebirgsstrecken und 600 t auf Steilrampen zu befördern. Von 1926 bis 1949 wurden insgesamt knapp 2.000 Lokomotiven gefertigt. In den Kriegsjahren musste sie dem herrschenden Materialmangel angepasst werden und wurde fortan als „44ÜK“ (Übergangskriegslokomotive) bezeichnet. Bei dieser Übergangslokomotive wurden verschiedene Bauteile vereinfacht oder auch ganz weggelassen. Beispielsweise wurde auf Windleitbleche verzichtet. Wie viele andere Lokomotiven auch, ereilte die 44er das Schicksal, in viele verschiedene Länder verstreut zu werden: 67 Stück verblieben in Polen, drei bei den Tschechoslowakischen Staatsbahnen, elf verschlug es nach Österreich und 291 Exemplare wurden von Frankreich beansprucht, wo sie im Krieg gebaut worden waren. Davon wurden wiederum rund 50 Lokomotiven in die Türkei verkauft. Heute gibt es noch zwei betriebsfähige 44er: Die 44 1486 in Straßfurt und die 44 1593 in Beekbergen, Niederlande. Bis zum Aufkommen der Diesel- und Elloks gehörte die 44 zu den unverzichtbaren Baureihen im schweren Güterzugdienst.

TECHNISCHE DATEN

Hersteller	Henschel u.a.
Lieferung/Indienststellung	1926–1949
Spurweite	Normalspur
Bauart	1'E h3
Länge über Puffer	22,6 m
Masse	110,0 t
Höchstgeschwindigkeit	80 km/h
Leistung	1.410 kW
Stückzahl	1.989

Die 44 389 war eine der letzten westdeutschen Loks der Baureihe 44 im Plandienst.

64

Baureihe M 44 011-012

44 012. Bild: Hermann Maey/Slg. Andreas Knipping

Wie zuvor bereits bei den Baureihen 04 und 24 wollte die DRG auch bei der Baureihe 43/44 mit höherem Kesseldruck experimentieren. Daraufhin ließ sie zwei Versuchsloks mit der Bezeichnung „M 44" bauen. Sie erwiesen sich als sehr leistungsfähig, nur leider hielt das Material dem Kesseldruck von 25 at nicht Stand: Bereits bei den Probefahrten bildeten sich unter anderem durch die hohen Temperaturen von bis zu 450°C erste Risse im Dampfsammelkasten.

TECHNISCHE DATEN

Hersteller	Henschel
Lieferung/Indienststellung	1932–1933
Spurweite	Normalspur
Bauart	1'E h4v
Länge über Puffer	22,6 m
Masse	179,0 t
Höchstgeschwindigkeit	80 km/h
Leistung	1.870 kW
Stückzahl	2

65

Baureihe 45

Zwischen 1937 und 1941 lieferte Henschel 28 schwere Güterzugloks der Einheitsbaureihe 45 an die Reichsbahn. Bis auf eine gingen alle in den Besitz der DB über. Während einige dieser Loks bis 1953 ausgemustert werden mussten, unterzog Krupp 1950 fünf Loks einer Umbaumaßnahme. Sie erhielten neue Kessel mit kleinerer Rostfläche und verloren ihren Speisedom. Weitere fünf bekamen neue Stehkessel und Verbrennungskammern. Die Stoker-Einrichtung, also eine mechanische Rostbeschickung, bekamen sie alle. Dadurch wurde die Zugleistung um 390 kW erhöht. Die zehn umgebauten Loks wurden dem Bw Würzburg zugeteilt und zogen zwischen Fulda, Treuchtlingen und Nürnberg schwere Güterzüge über die Fränkische Alb. In den 1950er-Jahren wurden die Maschinen der Baureihe 45 aus dem Verkehr gezogen.

Lokporträt von Maey. Bild: Slg. Andreas Knipping

TECHNISCHE DATEN

Hersteller	Henschel
Lieferung/Indienststellung	1937–1941
Spurweite	Normalspur
Bauart	1'E1' h3
Länge über Puffer	25,6 m
Masse	210,4 t
Treibraddurchmesser	1.600 mm
Höchstgeschwindigkeit	90 km/h
Leistung	1.810 kW
Stückzahl	28

Baureihe 50

Da die bewährte Baureihe 57[10] mit ihrer Höchstgeschwindigkeit von gerade einmal 60 km/h Ende 1935 nicht mehr zeitgemäß war, entschied man sich zur Herstellung der Baureihe 50. Aufgrund ihrer geringen Achslast von nur 15 t war die Baureihe 50 schon bald im ganzen Land und in den im Zweiten Weltkrieg besetzten Ostgebieten als Universallok unterwegs. Viele der Maschinen, die es nach dem Krieg in andere Länder verschlagen hatte, waren dort noch lange Zeit unentbehrlich. Auch in Deutschland waren sie bei der DB bis 1977 und bei der DR sogar bis 1988 noch im Einsatz.

TECHNISCHE DATEN

Hersteller	Henschel u.a.
Lieferung/Indienststellung	1939–1948
Spurweite	Normalspur
Bauart	1'E h2
Länge über Puffer	22,9 m
Masse	76,0 t
Höchstgeschwindigkeit	80 km/h
Leistung	1.195 kW
Stückzahl	3.164

▶ Wussten Sie schon?
Im Zweiten Weltkrieg wurden zahlreiche Loks der Baureihe 50 „entfeinert" und zu „Übergangs-Kriegsloks" umgebaut.

Die Sonderfahrt der 50 2740 mit einem Güterzug auf der Strecke Gerolstein–Ulmen verursacht im April 2010 einen ziemlich großen Auflauf an Fotografen und Bewunderern.

67

Baureihe 52^{18-20}

Porträtfoto der Kondenslok 52 1853, die für wasserarme Regionen der im Zweiten Weltkrieg besetzten Gebiete gebaut war. Bild: Archiv Bellingrodt/Sammlung Knipping

Die Eroberung von Gebieten mit anderen klimatischen Bedingungen stellte die Hersteller von Lokomotiven im Zweiten Weltkrieg vor neue Herausforderungen. Eine davon bestand darin, Maschinen zu bauen, die auch in Regionen einsatzbereit waren, wo Wassermangel herrschte, zum Beispiel die weiten Steppengebiete im Süden der Sowjetunion. Die technische Lösung bei der Baureihe 52 war ein Kondenstender zur Abdampfrückgewinnung. Der Abdampf strömte über einen Ölabscheider in den Kondenstender. Dort kühlten Axialventilatoren und Kühlelemente den Dampf auf 90°C ab, so dass er sich als Wasser niederschlug. Das wurde wieder in den Kessel zurückgeführt. So konnten Entfernungen von bis zu 1.200 km überbrückt werden. Da diese Technik natürlich sehr aufwendig und teuer war und die Loks mit ihren langen Tendern nicht auf reguläre Drehscheiben passten, wurde sie nicht allgemein übernommen.

▶ **Wussten Sie schon?**

Weil es keine Abdampffahne gab, wurden diese Loks auch bei Gefahr von Tieffliegerangriffen gern eingesetzt.

TECHNISCHE DATEN

Hersteller	Henschel
Lieferung/Indienststellung	1942–1951
Spurweite	Normalspur
Bauart	1'E h2
Länge über Puffer	27,5 m
Masse	84,0 t
Höchstgeschwindigkeit	80 km/h
Leistung	1.195 kW
Stückzahl	178

Baureihe 52

Die Baureihe 52 war die bekannteste unter den Kriegsloks des Zweiten Weltkriegs. Von dieser „entfeinerten" Version der Baureihe 50 wurden 6.719 Stück gebaut, wobei sogar eine Produktion von 15.000 Exemplaren geplant war. Grund für den massenhaften Bau dieser Güterlok war der enorme Bedarf der Wehrmacht an Lokomotiven für die besetzten Ostgebiete. Um die große Anzahl an Loks überhaupt produzieren zu können, schlossen sich die Lokomotivfabriken – wie Henschel, Krupp, Schwartzkopff und Borsig – zur „Gemeinschaft Großdeutscher Lokomotivfabriken" (GGL) zusammen. Aber auch nach dem Krieg bewährte sich die Baureihe 52 in vielen Ländern Europas.

TECHNISCHE DATEN

Hersteller	Floridsdorf, Henschel, Schwartzkopff u.a.
Lieferung/Indienststellung	1942–1951
Spurweite	Normalspur
Bauart	1'E h2
Länge über Puffer	22,9 m
Masse	84,0 t
Leistung	1.192 kW
Stückzahl	6.719 (nicht sicher)

▶ Wussten Sie schon?

Die 52 war international: Die 52 4984 etwa fuhr bis 1992 im ehemaligen Jugoslawien und wird heute als Museumslok in Österreich eingesetzt.

52 6721 mit einem Güterzug bei Kamenz, Mai 1981. Bild: H. Constabel, Archiv Karl-W. Koch

69

Baureihe 61

Diese Baureihe ist deshalb interessant, weil es sich um eine Tenderlok mit 2.300 mm großen Treibrädern handelte, die man mit einer Stromlinienverkleidung versehen hatte. Der Fahrplan des nach ihren Erbauern genannten Henschel-Wegmann-Zugs zwischen Berlin und Dresden sah nur kurze Wendezeiten vor, weshalb es nicht möglich gewesen war, die Lok zu drehen. Eigentlich ist es ja nicht ganz richtig, von Baureihe zu sprechen, denn die beiden Fahrzeuge unterschieden sich nicht nur in der Zahl ihrer Zylinder, sondern auch in manch anderen Aspekten. Die erste Lok wurde 1952 aus dem Dienst genommen. 61 002 wurde in der DDR zur neuen 18 201 umgebaut.

▶ **Wussten Sie schon?**

Die Strecke Dresden–Berlin (176 km) wurde planmäßig mit einer Durchschnittsgeschwindigkeit von 103 km/h gefahren.

TECHNISCHE DATEN

Hersteller	Henschel
Lieferung/Indienststellung	1935–1939
Spurweite	Normalspur
Bauart	2'C2' h2t / 2'C3' h3t
Länge über Puffer	18,4 m
Masse	148,0 t
Höchstgeschwindigkeit	187 km/h
Leistung	1.070 kW
Stückzahl	2

Der Henschel-Wegmann-Zug brauchte von Berlin nach Dresden 98 Minuten. Bild: Sammlung GeraMond

Baureihe 62

Henschel entwickelte für die DRG in den 1920er-Jahren Zweizylinder-Heißdampflokomotiven. Die insgesamt 15 Maschinen wurden als Baureihe 62 eingereiht.

Bereits 1928 standen alle 62er zur Ablieferung bereit, die DRG ließ sich mit der Abnahme aber Zeit, weil sie zunächst keinen Bedarf hatte und den Verantwortlichen auch der Preis zu hoch erschien. Erst 1932 wechselten die 62 003–015 ihren Besitzer, Einsatzgebiete waren Düsseldorf, Rügen und Meiningen.

Nach 1945 wurden die 15 Loks fast gerecht aufgeteilt, acht Exemplare kamen zur DR und sieben zur Bundesbahn. In der DDR wurden die Loks unter anderem von den Betriebswerken Meiningen, Berlin Ostbahnhof und Rostock eingesetzt. Erst 1968 konzentrierte man die Einsätze auf das Bw Frankfurt (Oder), von wo aus Züge auf der Strecke nach Erkner bespannt wurden. Die letzte planmäßig genutzte Maschine (62 007) wurde 1972 ausgemustert.

Die Deutsche Bundesbahn setzte ihre 62er zunächst von Wuppertal aus ein. Später wurden sie auf die Bw in Dortmund, Düsseldorf, Essen und Krefeld verteilt, aber bereits 1956 wurden hier die letzten Loks außer Dienst gestellt.

Heute ist nur noch die 62 015 erhalten. Sie steht im Besitz des DB-Verkehrsmuseums Nürnberg und ist in Dresden-Altstadt untergebracht. Bis 1998 war die Lok vor Sonderzügen im Einsatz. Sie war auch im James-Bond-Film „Octopussy“ von 1983 als Filmstar zu bewundern.

TECHNISCHE DATEN

Hersteller	Henschel
Lieferung/Indienststellung	1928–1932
Spurweite	Normalspur
Bauart	2'C2' h2t
Länge über Puffer	17,1 m
Masse	123,6 t
Höchstgeschwindigkeit	100 km/h
Leistung	1.236 kW
Stückzahl	15

1996 wurde für die Herbstfahrten des DB-Museums ins Ahrtal die Dresdener 62 015 eingesetzt. Bild: Christoph Oboth

71

Baureihe 64

Die vor allem als Nebenbahnlokomotive für Personenzüge und im Flachland eingesetzte Baureihe 64 bewährte sich ausgezeichnet. Da es auf den Nebenbahnen aber auch teilweise erhebliche Steigungen gab, mussten die Loks auch diesen Anforderungen gewachsen sein. Obwohl das Triebwerk und der Kessel identisch mit denen der Baureihe 24 waren, zeichnete sich die Baureihe 64 durch eine wesentlich größere Laufruhe aus. An dem Bau dieser in großer Stückzahl hergestellten Maschinen waren alle namhaften deutschen Hersteller beteiligt.

Wussten Sie schon?

Als eine der meistgebauten Einheitslokbaureihen fand man die 64er bis zu ihrer Ausmusterung 1975 fast in ganz Deutschland.

TECHNISCHE DATEN

Hersteller	Henschel u.a.
Lieferung/Indienststellung	1928–1940
Spurweite	Normalspur
Bauart	1'C1' h2t
Länge über Puffer	12,3 m
Masse	70,9 t
Höchstgeschwindigkeit	90 km/h
Leistung	699 kW
Stückzahl	520

64 289 bei einer Sonderfahrt am 18. Oktober 1997 in Freudenstadt. Bild: W.u.H. Brutzer

Die Tenderlok-Baureihe 85 wurde für den Einsatz im Höllental gebaut. Bild: Hermann Maey/Slg. Andreas Knipping

72

Baureihe 85

Die Reichsbahn orderte bei Henschel zehn schwere Tenderloks, die vor allem auf der Höllentalbahn im Schwarzwald eingesetzt werden sollten. Der Kessel entsprach dem der Baureihe 62, während Triebwerk und Laufwerk der 44er entlehnt wurden, allerdings um eine Schleppachse ergänzt. Die Dreizylinderloks wurden auch nach dem Zweiten Weltkrieg bis 1961 im Dienst behalten, da für den Versuchsbetrieb auf der Höllentalbahn mit 50 Hz/20 kV nicht genügend Elloks zur Verfügung standen. Mit der Eingliederung der Höllentalbahn in das Stromnetz der DB wurden die Fünfkuppler außer Dienst gesetzt.

▶ Wussten Sie schon?

Die Höllentalbahn im Schwarzwald war auf den steileren Streckenabschnitten bis 1932 nur mit Zahnstangenantrieb befahrbar.

Die erste 85. Bild: Carl Bellingrodt/ Slg. Knipping

TECHNISCHE DATEN

Hersteller	Henschel
Lieferung/Indienststellung	1932–1933
Spurweite	Normalspur
Bauart	1'E1' h3t
Länge über Puffer	16,6 m
Masse	127,0 t
Treibraddurchmesser	1.400 mm
Höchstgeschwindigkeit	80 km/h
Leistung	1.103 kW
Stückzahl	10

73

Baureihe 86

Die Baureihe 86 wurde als Einheits-Güterzuglokomotive für Nebenstrecken beschafft. Die Maschine wurde so konstruiert, dass sie auch leichte Züge auf Hauptstrecken befördern konnte. Die Entwicklung verlief parallel mit den Baureihen 24 und 64. 386 Maschinen liefen auf dem Netz der DB. Sie wurden überwiegend in Nürnberg für die fränkischen Nebenstrecken stationiert. Die letzten Loks wurden erst 1974 ausgemustert. Die Deutsche Reichsbahn übernahm 173 Exemplare. Sie setzte diese überwiegend auf den Erzgebirgsstrecken ein.

Auf der Drehscheibe in Dresden Altstadt.

TECHNISCHE DATEN

Hersteller	BMAG u.a.
Lieferung/Indienststellung	1928–1943
Spurweite	Normalspur
Bauart	1'D1' h2t
Länge über Puffer	13,8 m
Masse	88,5 t
Höchstgeschwindigkeit	80 km/h
Leistung	758 kW
Stückzahl	776

74

Baureihe 95

Die ersten zehn 1922 bei Borsig unter Chefkonstrukteur August Meister gebauten und ab Anfang 1923 ausgelieferten Exemplare der Baureihe waren als T 20 Magdeburg 9201–9210 bestellt worden. Einsatzgebiete waren Steigungsstrecken, unter anderem die Bahnstrecke Sonneberg–Probstzella. Diese Dampflokgattung war die stärkste von der DRG beschaffte Tenderlok. Während die zur DB gelangten Loks bald ausgemustert waren, blieben die DR-Maschinen, auf Ölfeuerung umgebaut, auf ihren alten Stammstrecken um Saalfeld bis in die späten 1970er im Einsatz.

Die 95 0027 in Saalfeld. Mai 1981.

TECHNISCHE DATEN

Hersteller	Borsig, Hanomag
Lieferung/Indienststellung	1922–1924
Spurweite	Normalspur
Bauart	1'E1' h2t
Länge über Puffer	15,1 m
Masse	127,4 t
Treibraddurchmesser	1.400 mm
Höchstgeschwindigkeit	65 km/h
Leistung	1.192 kW
Stückzahl	45

Die 97 504 kann man im Technischen Museum in Berlin bewundern.

75

Baureihe 97^5

Die Baureihe wurde von den Württembergischen Staats-Eisenbahnen entwickelt, aber erst an die DRG geliefert. Dort wurde sie als Baureihe 97^5 eingeordnet. Sie verkehrte auf der Zahnradbahn Honau–Lichtenstein. Bereits 1961 folgte die Ausmusterung.

TECHNISCHE DATEN

Hersteller	Esslingen
Lieferung/Indienststellung	1922–1925
Spurweite	Normalspur
Bauart	E h2/h4vt
Länge über Puffer	11,9 m
Masse	74,9 t
Höchstgeschwindigkeit	50 km/h
Leistung	625 kW
Stückzahl	4

Angetrieben wurden die Zahnräder nach dem System Winterthur mittels eines unteren und eines oberen Zylinderpaares, beide mit dem gleichen Durchmesser von 560 mm. Das Übersetzungsverhältnis beträgt 1:2,43. Die 97 504 hat es als Ausstellungsstück in das Technische Museum in Berlin geschafft.

Die Lok 7 der Tegernsee-Bahn diente in den 1970ern und 1980ern als Betriebsreserve, lange erfreute sie die Fans bei Sonderfahrten. Sie soll nach einem Kesselschaden wieder betriebsfähig aufgearbeitet werden.

76

TAG 7

Die TAG 7 wurde 1936 für die private Eisenbahn-Aktiengesellschaft Schaftlach-Gmund-Tegernsee (EAG) gebaut und 1936 als EAG 7 in Dienst gestellt. Mit einer Leistung von 405 kW konnte die Tenderlok in beide Fahrtrichtungen eine Höchstgeschwindigkeit von 70 km/h erreichen. Neben ihrer Schnelligkeit zeichnete sich die von Krauss-Maffei gebaute Lok durch gute Laufeigenschaften und einen sehr wirtschaftlichen Kohleverbrauch aus. Bis 1975 war die TAG 7 noch als Reservedampflok im aktiven Dienst der Tegernsee-Bahn. 1999 ging der Fahrbetrieb der Tegernsee-Bahn an die Bayerische Oberlandbahn über. Die TAG 7 wurde an den Bayerische Localbahnverein verkauft.

TECHNISCHE DATEN

Hersteller	Krauss-Maffei
Lieferung/Indienststellung	1936
Spurweite	Normalspur
Bauart	1'D1' h2t
Länge über Puffer	11,6 m
Masse	60,8 t
Treibraddurchmesser	1.100 mm
Höchstgeschwindigkeit	70 km/h
Leistung	405 kW
Stückzahl	1

01 204

Die Reichsbahn-01er wurden in der DDR umfangreichen Überarbeitungen unterzogen (siehe die beiden nächsten Beiträge), aber einige der Maschinen blieben auch im Originalzustand im Dienst und hielten sich erstaunlich lange. Teilweise wurden sie in Umläufen mit den Reko-Maschinen eingesetzt, wie bei diesen war die Paradestrecke die Strecke Berlin–Dresden.

Die 01 204, auffällig mit Wagner-Windleitblechen versehen, wurde frühzeitig als die symbolische Lok dieser Baureihe für den musealen Erhalt ausgewählt und entsprechend gepflegt. Bis in die 1980er war sie mit zahlreichen Sonderzügen für ostdeutsche Eisenbahnfreunde im Einsatz. 1982 wurde sie überraschend nach Westdeutschland verkauft, heute befindet sie sich im Museum Hermeskeil. Einen Umbau auf Ölfeuerung gab es nur bei den Reko-Maschinen.

TECHNISCHE DATEN

Hersteller	AEG, Henschel, Krupp u.a.
Lieferung/Indienststellung	1925–1938 (Baureihe)
Spurweite	Normalspur
Bauart	2'C1' h2
Länge über Puffer	23 m
Masse	111 t
Höchstgeschwindigkeit	130 km/h
Leistung	1.650 kW
Stückzahl	1

Nach einer der auch in der DDR schon recht zahlreichen Sonderfahrten präsentierte sich die 01 204 auf der Drehscheibe des Bw Dresden-Altstadt.

Baureihe 01^5

Um 1960 bestimmten die Lokomotiven der Baureihe 01 den schweren Reisezugverkehr. Allerdings waren die meisten der Maschinen ziemlich stark heruntergefahren, grundlegende Überarbeitungen waren nötig oder die Ausmusterung hätte angestanden. Da die Geldmittel für eine Beschaffung im Ausland nicht vorhanden waren und ein eigener Neubau einer Dampflok-Baureihe aus verschiedenen Gründen nicht in Frage kam, entschloss sich die DR, ab 1962 im Raw Meiningen 35 Maschinen dieser Baureihe zu rekonstruieren. In Frage kamen nur die Lokomotiven mit verstärkter Bremse (ab 01 102) und 1.000-mm-Laufradsätzen. Der Umbau umfasste nicht nur den Einbau eines neuen Kessels, die gesamte Lokomotive wurde komplett erneuert.

Markanteste Merkmale waren die durchgehende Domverkleidung, der Ersatz der großen Windleitbleche durch kleinere, ein neues, geschweißtes Führerhaus, der Einbau einer spitz zulaufenden Rauchkammertür und teilweise die Verwendung von Boxpok-Rädern aus Stahlguss. Diese wurden allerdings später wieder gegen neue Speichenräder ausgetauscht, da sie sich nicht bewährten. Die sogenannten Reko-01 waren, vor allem aufgrund des neuen Kessels, mit die leistungsfähigsten deutschen Schnellzug-Dampflokomotiven der Nachkriegszeit. Für den grenzüberschreitenden Verkehr nach Bebra bzw. Hamburg-Altona und den Verkehr auf der Strecke Dresden–Berlin erhielten die Loks eine Indusi.

TECHNISCHE DATEN

Hersteller	Raw Meiningen
Umbau/Indienststellung	1962–1965
Spurweite	Normalspur
Bauart	2'C1'h2
Länge über Puffer	24,4 m
Masse	110 t
Höchstgeschwindigkeit	130 km/h
Leistung	1.839 kW
Stückzahl	35

Der hohe Ölpreis zwang die Reichsbahn, auch ihre ölgefeuerten 01^5 am 31. Dezember 1982 abzustellen. Bild: H. Constabel/Archiv Karl-W. Koch

Baureihe 01^{15}

Eine Reihe von Loks (ab Nr. 01 519) wurde auf Ölfeuerung umgebaut. Die neue Baureihenbezeichnung wurde auf 01 05xx geändert, die Kohleloks erhielten die BR-Bezeichnung 01 15xx. Zum einen war die Kohlequalität in der DDR kaum für die hochwertigen Schnellzugloks geeignet – und Öl war noch billig, auch war so eine Leistungssteigerung möglich. In den Tender der umgebauten Loks passten 13,5 m³ Schweröl. Später wurden alle Lokomotiven bis auf die sieben Loks des Bw Berlin Ostbahnhof mit Ölhauptfeuerung nachgerüstet. Als es mit den niedrigen Ölpreisen Anfang der 1980er-Jahre vorbei war, wurden kurzerhand alle Loks der Baureihe 01^{05} weitgehend abgestellt. Einige fanden Verwendung als Heizlokomotiven. Ein paar Maschinen sind bis heute betriebsfähig erhalten, allerdings sind sie wieder als Kohle-Variante im Einsatz. Die 01 516 schrieb mit dem Kesselzerknall in Bitterfeld Geschichte: Am 27. November 1977 zerlegte eine Bremsung durch das dabei vorne schwappende Restwasser den überhitzten, trockengeheizten Kessel explosionsartig. Unglücklicherweise geschah dies bei der Einfahrt in den Bahnhof Bitterfeld. Ursache war eine Reihe eigentlich unvorstellbarer Bedienungsfehler der Mannschaft.

TECHNISCHE DATEN

Hersteller	Raw Meiningen
Umbau/Indienststellung	1962–1965
Spurweite	Normalspur
Bauart	2'C1'h2
Länge über Puffer	24,4 m
Masse	110 t
Höchstgeschwindigkeit	130 km/h
Leistung	1.839 kW
Stückzahl	7

01 519 war zwischenzeitlich auch auf Ölfeuerung umgebaut, fährt jetzt aber wieder mit Kohle.

Baureihe 03^{10} (Öl)

Die Reko-Lok 03 1090 wurde 1970 zur 03 0090 umbenannt. Bild: Burghard Wollny

Bei den von der DR 1948 übernommenen 03^{10} wurde die Stromlinienverkleidung entfernt. In den 1950er-Jahren wurden die Loks rekonstruiert, 1965 wurden fast alle von ihnen auf Ölhauptfeuerung umgebaut. Mit Witte-Leitblechen, neuen Kesseln und Ölfeuerung versehen, erstrahlten die rekonstruierten 03^{10}-Lokomotiven in ganz neuem Aussehen, das optisch durchaus sehr ansprechend war.

▶ **Wussten Sie schon?**

Die unten abgebildete Reko-Lok der Baureihe 03^{10} ist heute im Nürnberger Eisenbahnmuseum der DB zu besichtigen.

TECHNISCHE DATEN

Hersteller	Raw Meiningen
Umbau/Indienststellung	ab 1959
Spurweite	Normalspur
Bauart	2'C 1' h3
Länge über Puffer	23 m
Masse	104,0 t
Treibraddurchmesser	2.000 mm
Höchstgeschwindigkeit	140 km/h
Leistung	1.729 kW
Stückzahl	18

Mit den ölgefeuerten Schnellzugloks bewältigte die DR bis Ende der 1970er-Jahre den schweren Reisezugverkehr zwischen Berlin und Stralsund. Bild: U. Paulitz

Baureihe 03^2

03 2155 hat mit ihrem Nikolaus-Sonderzug zum Weihnachtsmarkt nach Trier gerade den Bahnhof Gerolstein verlassen und durcheilt im Dezember 2012 das winterlichen Kylltal.

Als 03 155 wurde diese Schnellzuglok 1934 von der Reichsbahn in Dienst gestellt. Nach dem Zweiten Weltkrieg war sie in der sowjetischen Besatzungszone verblieben und wurde 1949 von der Deutschen Reichsbahn der DDR übernommen. Nach ihrer Wiederaufbereitung stand sie bis 1979 im Einsatz. 1970 wurde sie im Zusammenhang mit der Umstellung auf EDV in 03 2155 umgezeichnet. Fünf Jahre später erhielt die Lok den Kessel der Neubaulok 22 007. Nach ihrer Ausmusterung 1984 wurde sie an die Eisenbahnfreunde Flügelrad Oberberg e. V. für das Eisenbahnmuseum Dieringhausen verkauft. Heute ist Lok 03 2155 in Nossen betriebsfähig erhalten und kommt, wie in den Jahren 2012/2013, auch auf westdeutschen Strecken öfters zum Einsatz. Der Eigentümer Wedler & Franz vermietet die Lok für für Event-, Film- , Firmen- und Vereinsveranstaltungen.

TECHNISCHE DATEN	
Hersteller	Borsig
Umbau	1970
Spurweite	Normalspur
Bauart	2'C 1' h2
Länge über Puffer	23,9 m
Masse	100,3 t
Treibraddurchmesser	2.000 mm
Höchstgeschwindigkeit	130 km/h
Leistung	1.390 kW
Stückzahl	1

82

18 201 (Umbau DR)

Eine Spätblüte des Dampflokbaus war die wunderschöne 18 201 der DR. Die Schnellfahrtenderlok 61 002 des Henschel-Wegmann-Zugs wurde mit Elementen der misslungenen Hochdruck-Dampflok H 44 024, Teilen anderer Loks und einem neuen Kessel der Baureihe 22 rekonstruiert. Die 18 201 erreichte im Jahr 1964 im Eisenbahn-Versuchsring Velim in Tschechien eine Spitzengeschwindigkeit von 176 km/h und galt damals als „schnellste betriebsfähige Dampflok der Welt“. Die in auffälligem Grün lackierte, mit weißen Konturierungslinien versehene Lok war nicht nur eine der schnellsten, sondern wohl auch eine der schönsten Lokomotiven überhaupt. Sie wird heute noch für Sonderfahrten eingesetzt.

18 201 in Wittenberg (1)

TECHNISCHE DATEN

Hersteller	Raw Meiningen
Umbau/Indienststellung	1961
Spurweite	Normalspur
Bauart	2'C1' h3
Länge über Puffer	25 m
Masse	113,0 t
Treibraddurchmesser	2.300 mm
Höchstgeschwindigkeit	180 km/h
Leistung	1.170 kW
Stückzahl	1

Die 18 201 war aus der 61 002 und Teilen anderer Loks umgebaut worden.

8 314 mit grüner Lackierung der DDR-Schnellzuglokomotiven. Bild: Sammlung Rudolf Heym

18 314 (Umbau DR)

Nachdem die Lok Ende des Zweiten Weltkriegs einige Zeit in Westdeutschland eingesetzt worden war, handelte 1951 der Leiter des Raw Stendal, Max Baumberg, den Tausch der 18 314 gegen die bis dahin im Osten verbliebene 18 434 (bayerische S 3/6) aus. 1960 wurde die 18 314 im Raw Zwickau rekonstruiert: Sie erhielt einen gekürzten Verbrennungskammerkessel, der Schornstein erhielt einen Caledonia-Kranz und es kamen Sonderwindleitbleche zum Einsatz. Alle diese Maßnahmen werteten die ohnehin schöne Lokomotive nochmals optisch auf.

▶ Wussten Sie schon?
Die 18 314 war von Baden in die DDR gelangt. Inzwischen ist sie wieder zuhause im Südwesten im Technikmuseum Sinsheim.

1970 in 02 0314 umgezeichnet.Bild: Gert Schütze

TECHNISCHE DATEN

Hersteller	Maffei (Umbau DR)
Lieferung/Indienststellung	1960 (Umbau)
Spurweite	Normalspur
Bauart	2'C1' h4v
Länge über Puffer	23,6 m
Masse	105 t
Höchstgeschwindigkeit	162 km/h
Leistung	1.360 kW
Stückzahl	1

Baureihe 19^0

Im Einsatz: Umgezeichnete 19er ab 1970. Bild: H. Constabel/ Sammlung Karl-W. Koch

Ins Reko-Programm der DDR fielen auch zwei sächsische Schnellzuglokomotiven der Gattung XX HV, die bei der Reichsbahn als 19^0 bezeichnet wurden. Die wichtigste Veränderung war der neue Verbrennungskammerkessel. Die Dampfmaschine wurde in Stahlschweißausführung neu konstruiert. 1967 kam es bei den beiden Lokomotiven zum Umbau auf Ölhauptfeuerung. So modernisiert konnten sie noch bis 1976 Aufgaben im Versuchswesen wahrnehmen.

TECHNISCHE DATEN

Hersteller	VES-M Halle
Umbau/Indienststellung	1964/65
Spurweite	Normalspur
Bauart	1'D1' h4v
Länge ü. Puffer m. Tender	24 m
Masse	108,0 t
Höchstgeschwindigkeit	120 km/h
Leistung	1.250 kW
Stückzahl	2

Seitenansicht der 19 02. Bild: Sammlung Schütze

Baureihe 22

DR 22 026 abgestellt in Magdeburg, 1971. Bild: H. Constabel/ Archiv Karl-W. Koch

Von 1958 bis 1962 wurden Loks der Baureihe 39^{0-2} rekonstruiert. Die alten 39er hatten Probleme mit der Dampferzeugung, was die Leistung der Lok erheblich beeinträchtigte. Um den neuen Dampferzeuger unterzubringen wurde der Rahmen verlängert. Insgesamt wurden 85 Maschinen umgebaut, die neue Baureihe erhielt die Bezeichnung 22 mit den Nummern 22 001 bis 085. Eingesetzt wurden die umgebauten Loks fortan von Dresden und Erfurt aus, auch im Schnellzugdienst. Bei diesen Einsätzen zeigte sich die Konstruktion allerdings überfordert. Rahmenrisse und Kolbenschäden waren mehrfach die Folgen.

Ansonsten bewährte sich die Reko-Version hervorragend, litt aber an Überforderung. Ab 1968 wurden insgesamt 50 Kessel der schadhaften Loks für die Rekonstruktion der Baureihe 03 verwendet. 1971 wurden die letzten Lokomotiven abgestellt, erleichtert durch die parallel stattfindende Elektrifizierung einiger der bisherigen Einsatzstrecken. Insgesamt sind sieben Lokomotiven erhalten, allerdings oft unvollständig oder nur in Teilen (z. B. Rahmen oder Fahrwerk).

TECHNISCHE DATEN

Hersteller	Raw Meiningen
Lieferung/Indienststellung	1958–1962
Spurweite	Normalspur
Bauart	1'D1' h3
Länge über Puffer	23,7 m
Masse	107,5 t
Höchstgeschwindigkeit	110 km/h
Leistung	1.243 kW
Stückzahl	85

Baureihe 25

Nur kurz war das Leben der euphorisch als Universallok konzipierten 25 001. Bild: Bellingrodt/Sammlung Hörnemann

Da die DDR ein nur begrenztes Budget für den Lokomotivenbau hatte, entstand der Wunsch nach einer kostengünstigen „Universallokomotive". Sie sollte sowohl für den Reisezug- als auch für den Güterzugdienst einsetzbar sein. Doch die neue Baureihe 25 konnte nicht überzeugen. Nur zwei Exemplare wurden in Babelsberg gebaut. Die technischen Probleme waren zu groß. Die neu entwickelte 23.10 bewährte sich besser und die 03er waren vorerst nicht zu verdrängen …

25 001. Bild: Sammlung Schütze

TECHNISCHE DATEN

Hersteller	LKM Babelsberg
Lieferung/Indienststellung	1954
Spurweite	Normalspur
Bauart	1'D h2
Länge über Puffer	23 m
Masse	86,0 t
Höchstgeschwindigkeit	100 km/h
Leistung	1.750 kW
Stückzahl	2

Als Museumslok ist die ehemalige 35er wieder 23 1113 beschildert. Bild: W.u.H. Brutzer

87

Baureihe 23^{10} (35)

Eine Ersatzbeschaffung der überaus erfolgreichen Baureihe 30^{10-40} hatte man bereits bei der DRG erwogen. Die „Ersatz P 8“ war der P 8 in puncto Leistung und Geschwindigkeit deutlich überlegen. Durch den Zweiten Weltkrieg kam es gerade einmal zur Entwicklung zweier nicht ganz mängelfreier Baumusterlokomotiven (23 001 und 002). In der DDR ging die Baureihe 23 dann in die Serienproduktion. Die Lokomotiven überzeugten von Anfang an durch ihre guten Beschleunigungswerte und ihre effektiv arbeitenden Kessel. 1970 wurde die Lokomotiven im Zuge der Umstellung der Nummernsystems auf EDV in Baureihe 35 umbenannt.

35 1017 vor einem Personenzug in Magdeburg. Bild: H. Constabel/Archiv Karl-W. Koch

TECHNISCHE DATEN

Hersteller	LKM Babelsberg
Lieferung/Indienststellung	1955–1959
Spurweite	Normalspur
Bauart	1'C1' h2
Länge über Puffer	22,6 m
Masse	87,2 t
Höchstgeschwindigkeit	110 km/h
Leistung	1.250 kW
Stückzahl	113

88 Baureihe 41

Die 41 1055 mit einem Güterzug bei Orlamünde am 31. August 1985. Bild: W.u.H. Brutzer

Wegen zunehmender Schwierigkeiten mit den Kesseln musste die DR 1956 fast alle 41er abstellen. Schließlich entschloss man sich zur Neuentwicklung eines Kessels („39E"), der auch für andere Baureihen verwendbar war. Parallel lief die Modernisierung von 102 Lokomotiven der Baureihe, die ab 1958 nach etlichen Verzögerungen umgesetzt wurde. 80 Lokomotiven erhielten dabei auch den neuen Reko-Kessel. Die Maschinen waren bis 1988 im planmäßigen Zugdienst.

TECHNISCHE DATEN

Hersteller	Raw Meiningen
Lieferung/Indienststellung	1959–1960 (Umbau)
Spurweite	Normalspur
Bauart	1'D1' h2
Länge über Puffer	23,9 m
Masse	101,5 t
Treibraddurchmesser	1.600 mm
Höchstgeschwindigkeit	90 km/h
Leistung	1.434 kW
Stückzahl	80

89 Baureihe 44^9 (Kohlenstaub)

Um die Leistung zu steigern und um heimische Braunkohle verwenden zu können, baute die Deutsche Reichsbahn der DDR 22 Lokomotiven auf Kohlenstaubfeuerung, System Wendler um. Diese fuhren auf den starken Steigungen des Thüringer Waldes. Weitere Lokomotiven wurden allerdings nicht umgebaut, weil die stationären Anlagen zur Kohlestaubversorgung der Loks zu teuer waren. Stattdessen wurde die Ölfeuerung bevorzugt, die sich ähnlich bewährt hatte. Bei der Bauart-Neunummerierung unterschied man folgendermaßen nach Feuerungsart: Ölloks wurden zur Baureihe 44^0, Kohlelokomotiven zur 44^1 oder 44^2 und Kohlenstaubloks zur 44^9.

Baureihe 44^9. Bild: H. Constabel, Arch. Karl-W. Koch

TECHNISCHE DATEN

Hersteller	Raw Meiningen
Lieferung/Indienststellung	k.A.
Spurweite	Normalspur
Bauart	1'E1'h3
Länge über Puffer	22,6 m
Masse	109,8 t
Höchstgeschwindigkeit	80 km/h
Leistung	1.544 kW
Stückzahl	22

Die ölgefeuerte 44 0618 nimmt Wasser für ihren nächsten Güterzugeinsatz im damaligen „DDR-Dampflok-Paradies" Saalfeld, März 1979. Bild: Werner Jung-Diefenbach

90

Baureihe 44 (Öl)

Zur Zeit der Gründung der DDR besaß die Deutsche Reichsbahn 345 Exemplare der Baureihe 44. Sie erfuhren in ihrer langen Geschichte unter Hammer und Zirkel eine Vielzahl von Veränderungen und Verbesserungen. Die wichtigste war der Umbau auf Ölhauptfeuerung, den das Raw Meiningen zwischen 1963 und 1967 bei insgesamt 95 44ern vornahm. Damit wurden sie zu den stärksten Dampfloks in der DDR. Bei einigen wurde ein Rückbau auf Rostfeuerung vorgenommen. Den meisten blieb jedoch das Schicksal, als Heizlok verwendet zu werden, nicht erspart.

▶ Wussten Sie schon?

Wegen stark gestiegener Erdölpreise Anfang der 1980er wurden die ölgefeuerten Maschinen zum 31. Dezember 1981 abgestellt.

TECHNISCHE DATEN

Hersteller	Raw Meiningen
Umbau/Indienststellung	1963–1967
Spurweite	Normalspur
Bauart	1'E h3
Länge über Puffer	22,6 m
Masse	109,0 t
Höchstgeschwindigkeit	80 km/h
Leistung	1.545 kW
Stückzahl	95

Ölgefeuerte 44 0600. Bild: Sammlung Udo Paulitz

91

Baureihe 50^{35}

50 3648 war 1998 in Dresden unterwegs. Bild: W.u.H. Brutzer

TECHNISCHE DATEN

Hersteller	Raw Meiningen
Lieferung/Indienststellung	1958–1962 (Reko)
Spurweite	Normalspur
Bauart	1'E h2
Länge über Puffer	22,9 m
Masse	88,2 t
Treibraddurchmesser	1.400 mm
Höchstgeschwindigkeit	80 km/h
Leistung	1.295 kW
Stückzahl	208

Die Deutsche Reichsbahn ließ auf Grundlage des Neubaukessels der Baureihe 23^{10} einen Ersatzkessel entwickeln. Er wurde später auch zur Rekonstruktion der Baureihen 23, 52 zur 52^{80} und 58 zur 58^{30} verwendet. Zwischen 1958 und 1962 erhielten 208 Lokomotiven der Baureihe 50 diesen Kessel mit Mischvorwärmer, größerer Strahlungsheizfläche und verbessertem Saugzug, was die Leistungsfähigkeit erhöhte. Viele Maschinen wurden auch mit Giesl-Ejektoren ausgestattet. Diese Reko-Lokomotiven erhielten die Baureihenbezeichnung 50^{35}. Zuletzt konzentrierte sich der Einsatz der verbliebenen Kohleloks auf die Rbd Magdeburg und Ende der 1970er-Jahre auf die Direktionen Dresden und Schwerin.

92

Baureihe 52^{80}

Von der Kriegslok-Baureihe 52 wurden 200 Maschinen ebenfalls einer Rekonstruktion unterworfen. Diese Lokomotiven erhielten neue, leistungsfähigere Kessel, tauschbar mit denen der Baureihe 50^{35} und erfuhren Änderungen am Rahmen, einen zweiten Sandkasten und eine neue Führerstandsvorderwand mit ovalen Stirnfenstern. Diese Maschinen wurden unter der Baureihe 52^{80} geführt. Die Maschinen waren noch in den 1980ern zwischen Dresden und Hoyerswerda, Zittau und Ebersbach im Personen- und Güterzugdienst anzutreffen.

Baureihe 52^{80}. Bild: M. Welke/Archiv Koch

TECHNISCHE DATEN

Hersteller	RAW Stendal
Lieferung/Indienststellung	1960–1967
Spurweite	Normalspur
Bauart	1'E 'h2
Länge über Puffer	23,0 m
Masse	89,7 t
Höchstgeschwindigkeit	80 km/h
Leistung	1.600 kW
Stückzahl	200

Baureihe 58^{30}

Die 58 3023 bei einer Sonderfahrt mit dem Pullmannzug in Rathen/Elbe. Bild: Archiv Karl-W. Koch

Die Deutsche Reichsbahn hatte nach dem Zweiten Weltkrieg noch über 500 Lokomotiven der Baureihe 58^{2-21} aus der Länderbahnzeit zur Verfügung, das waren preußische Güterzugloks der Bauart G 12. Diese Lokomotiven, die sich insbesondere im Mittelgebirge bewährt hatten, waren inzwischen veraltet und teilweise auch stark mitgenommen.

TECHNISCHE DATEN

Umbau	Raw Zwickau
Lieferung/Indienststellung	1958–1962
Spurweite	Normalspur
Bauart	1'E h3
Länge über Puffer	22,1 m
Masse	97,2 t
Höchstgeschwindigkeit	70 km/h
Leistung	1.324 kW
Stückzahl	56

Mangels Alternativen entschloss sich die DR daher, die Maschinen zur Baureihe 58^{30} zu rekonstruieren. So wurden 56 Maschinen stark modernisiert. Insbesondere der Einbau neuer Kessel brachte die erhoffte optimale Energieausnutzung, und auch das Aussehen der Loks änderte sich erheblich. Im Alltag bewährten sich die Maschinen sehr gut, vor allem im thüringischen und sächsischen Hügelland. Aufgrund ihrer hohen Leistungsfähigkeit konkurrierten sie sogar mit der schweren Baureihe 44. Die letzten dieser bereits um 1920 gebauten Maschinen wurden erst 1981 ausgemustert. Zwei dieser rekonstruierten Loks sind museal erhalten, aber nicht betriebsfähig.

Wussten Sie schon?

Die alte G 12 wurde zwischen 1917 und 1924 gebaut. Sie gehörte zu den letzten Länderbahn-Baureihen.

94

Baureihe 65^{10}

Tenderlok 65 1079 in Magdeburg, Mai 1973. Bild: H. Constabel/Archiv Karl-W. Koch

Mit dieser Neubaulok sollten die Engpässe im Pendler- und Berufsverkehr beseitigt werden. Sie sollten die alten noch immer im Dienst befindlichen Länderbahnloks ersetzen. Zwar war die Tenderlok für den schweren Personenverkehr auf den Hauptstrecken konzipiert worden, doch sollte sie auch vor Güterzügen eingesetzt werden können. So dienten sieben Loks beim Chemieriesen Leuna als Werksloks. 1977 wurde diese Baureihe aus dem Dienst genommen. Drei Loks sind erhalten, eine davon bei der DB AG.

Wussten Sie schon?

Am häufigsten waren die 65^{10} im Berufsverkehr im Einsatz vor Doppelstockwagen des VEB Waggonbau Görlitz zu sehen.

TECHNISCHE DATEN

Hersteller	Hennigsdorf, Babelsberg
Lieferung/Indienststellung	1954–1957
Spurweite	Normalspur
Bauart	1'D2' h2t
Länge über Puffer	17,5 m
Masse	121,0 t
Höchstgeschwindigkeit	90 km/h
Leistung	1.102 kW
Stückzahl	95

Pause 1963. Bild: DR/Sammlung Brian Rampp

Baureihe 83^{10}

Ein kurzes Leben der Loks der Baureihe 83^{10} beförderte die – auch in der DDR fortschreitende – Verdieselung. Mai 1972. Bild: van Engelen

Im Rahmen des Neubauprogramms fertigte das LKM Babelsberg die Baureihe 83^{10}, die für den Einsatz auf Nebenbahnen vorgesehen war. Deshalb durfte die Achslast 15 t nicht übersteigen. Allerdings war die Serienproduktion aufgrund des dringenden Bedarfs schon vor dem ausgiebigen Test des Baumusters bereits abgeschlossen. Mängel mussten daher im Nachhinein behoben werden. Trotz des Austauschs dezentraler Sandkästen durch zentrale und Verstärkung der zu schwachen Blechrahmen wurde die Baureihe bereits 1973 außer Dienst gestellt.

Schon 1973 endete die Geschichte der Baureihe 83^{10}. Bild: Sammlung Schütze

TECHNISCHE DATEN

Hersteller	LKM Babelsberg
Lieferung/Indienststellung	1955–1956
Spurweite	Normalspur
Bauart	1'D2' h2t
Länge über Puffer	15 m
Masse	60,0 t
Höchstgeschwindigkeit	60 km/h
Leistung	794 kW
Stückzahl	27

H 45 024

Aufgrund akuten Lokomotivkohlemangels sah sich die DR 1950 dazu veranlasst, ein Exemplar der Baureihe 45 auf das Hochdruckverfahren umzurüsten. Die als H 45 024 bezeichnete Dampflok sollte einen wirtschaftlicheren Betrieb auf Braunkohlebasis ermöglichen. Allerdings glühten bereits bei den ersten Versuchsfahrten die Überhitzerrohre aus. Zudem war der Kondensvorrat zu gering. So wurde die Lok kurz darauf in Seddin abgestellt und im Jahr 1960 ausgemustert. Ironischerweise wurden ausgerechnet von diesem „Fehlgriff" Bauteile (unter anderem der hintere Rahmenteil, Außenzylinder und Schleppradsatz) für die wunderbare 18 201 verwendet.

▶ Wussten Sie schon?
Auf Basis der bei der DR verbliebenen 45 024 entstand in relativ kurzer Zeit die als H 45 024 bezeichnete Hochdrucklokomotive.

H 45 024. Bild: Sammlung Weisbrod

TECHNISCHE DATEN

Hersteller	Henschel/Umbau
Lieferung/Indienststellung	1951
Spurweite	Normalspur
Bauart	1'E1' h3
Länge über Puffer	27,3 m
Masse	127,0 t
Höchstgeschwindigkeit	100 km/h
Leistung	2.131 kW
Stückzahl	1

1936 wurde diese Lok in Dienst gestellt, 1951 erfolgte ihr versuchsweiser Umbau zur Hochdrucklok. Bild: Sammlung Schütze

Bei Roßtal zieht die 01 149 im Jahr 1963 einen Eilzug nach Stuttgart. (1)

97

Baureihe 01 (Neubaukessel)

Die 01 war das Paradepferd der Einheitsloks der Reichsbahn. Auch nach dem Zweiten Weltkrieg konnte man noch lange nicht auf sie verzichten. Im Gegenteil: Für schwere Schnellzüge sollten mehrere Exemplare durch den Einbau eines modernen Hochleistungskessels ertüchtigt werden. Zwischen 1957 und 1961 baute die DB im Ausbesserungswerk Nied 50 Lokomotiven um. Verglichen mit der originalen Version hatten sie nur noch einen Domaufbau und einen flacheren Schornstein mit größerem Durchmesser. Die Strahlungsheizfläche war von 16,9 m^2 auf 22 m^2 erhöht worden, ebenso wurde die Überhitzerheizfläche vergrößert. Rohrheizfläche und Rostfläche wurden hingegen kleiner.

TECHNISCHE DATEN

Hersteller	AEG, Henschel, Krupp u.a.
Umbau/Indienststellung	1957–1961
Spurweite	Normalspur
Bauart	2'C1'h2
Länge über Puffer	23,9 m
Masse	111,3 t
Höchstgeschwindigkeit	130 km/h
Leistung	1.648 kW
Stückzahl	50

98

Baureihe 01^{10} (012)

Die ehemaligen Stromlinienloks waren nach dem Zweiten Weltkrieg von der DB entkleidet und umgebaut worden, um den veränderten Betriebsbedingungen entsprechen zu können. Bereits ab 1953 hatten alle einen neuen Kessel erhalten. Ein weiterer Umbau erfolgte zwischen 1956 und 1958, als insgesamt 34 Fahrzeuge für Ölfeuerung umgebaut wurden. Dadurch wurde die Leistung merklich erhöht und vor allem war dem Heizer die Arbeit sehr erleichtert worden. Die Ausmusterung dieser Loks war 1975 abgeschlossen. Von ihnen sind recht viele heute noch erhalten.

▶ Wussten Sie schon?
Im EDV-System erhielten die ölgefeuerten 01^{10} im Gegensatz zu den kohlegefeuerten (011) die Baureihen-Nummer 012.

TECHNISCHE DATEN

Hersteller	Schwartzkopff
Umbau/Indienststellung	1956–1958
Spurweite	Normalspur
Bauart	2'C1'h3
Länge über Puffer	24,1 m
Masse	114,0 t
Treibraddurchmesser	2.000 mm
Höchstgeschwindigkeit	140 km/h
Leistung	1.820 kW
Stückzahl	34

01^{10} nach dem Umbau auf Ölfeuerung. Bild: Sammlung Udo Paulitz

Baureihe 10

Eine echte Schönheit, aber gegen die Diesel- und Elektroloks hatte die Baureihe 10 keine Chance. (1)

Wenn man die beiden „schwarzen Schwäne“ sieht, kann man kaum glauben, dass die Baureihe 10 der Bundesbahn beinahe gleichzeitig mit der E 10 und der V 200 entstanden ist. Sie sollte vor Schnellzügen eingesetzt werden und war weitgehend geschweißt. Die 10 001 hatte eine Ölzusatzfeuerung, die 10 002 eine Ölhauptfeuerung. Sehr problematisch war jedoch ihr hoher Achsdruck von 22 t. Darum durfte sie auf vielen Strecken nicht verkehren. Nicht zuletzt deshalb war bereits nach zehn Jahren Schluss. 10 001 ist heute im Deutschen Dampflokomotiv-Museum erhalten.

▶ Wussten Sie schon?

Im Januar 1968 waren die 10er Geschichte. Sie blieben die letzte Schnellzugdampflok-Entwicklung der DB.

Eine 10 mit geöffneter Verkleidung. Bild: Slg. Rampp

TECHNISCHE DATEN

Hersteller	Krupp
Lieferung/Indienststellung	1957
Spurweite	Normalspur
Bauart	2'C1' h3
Länge über Puffer	26 m
Masse	118,0 t
Höchstgeschwindigkeit	140 km/h
Leistung	1.840 kW
Stückzahl	2

100

Baureihe 23

Nach dem Zweiten Weltkrieg benötigte die Bundesbahn leistungsfähige Personenzugloks. Die preußischen P 8 waren auch am Ende ihrer Lebensdauer. Unter Friedrich Witte wurden neue Vorgaben entwickelt, welche bei der Baureihe 23 zur Anwendung kamen. 105 Exemplare der neuen Baureihe wurden ab 1950 geliefert. Sie wurden im mittelschweren Personenzug- und im leichten Schnellzugdienst eingesetzt. Nach den ersten Einsätzen zeigte sich, dass die Baureihe universell einsetzbar war. So erreichten die Maschinen mit 600 t schweren Güterzügen eine Geschwindigkeit von 110 km/h in der Ebene. Zur Ausstattung gehörten geschweißte Blechrahmen, geschweißte Kessel mit Verbrennungskammer, die Loks verfügten über selbsttragende Schlepptender. Durch ihre Laufwerkskonstruktion konnten die 23er mit 110 km/h auch rückwärts ungewöhnlich schnell fahren.

Aufgrund der schlechteren Sichtverhältnisse des Lokpersonals bei der Fahrt mit dem Tender voraus wurde diese dann aber doch auf 85 km/h begrenzt. Für den Wendezug-Einsatz wurden 16 Maschinen umgebaut. War ihre Konstruktion insgesamt auch sehr gelungen, so hielten sich die 23er nur kaum länger als die preußischen P 8 im Einsatz. Letzte Einsatz-Bahnbetriebswerke waren Crailsheim, Saarbrücken und Kaiserslautern.

TECHNISCHE DATEN

Hersteller	Henschel, Krupp, Jung, ME
Umbau/Indienststellung	1950–1959
Spurweite	Normalspur
Bauart	1'C1' h2
Länge über Puffer	21,3 m
Masse	82,8 t
Treibraddurchmesser	1.750 mm
Höchstgeschwindigkeit	110 km/h
Leistung	1.325 kW
Stückzahl	105

Am 28. Dezember 1975 war die 23 058 im Rahmen einer Sonderfahrt in Balingen unterwegs.

Baureihe 41 Öl (042)

41 360 mit einem „Kurzzug" in Assmannshausen, September 2012.

Zwischen 1957 und 1961 wurden 107 Fahrzeuge der Baureihe 41 mit neuen, vollständig geschweißten Verbrennungskammerkesseln ähnlich der Baureihe 03^{10} versehen. 40 Loks wurden zudem auf Ölhauptfeuerung umgestellt. Einige Loks haben bis heute betriebsfähig überlebt und erfreuen sich dank ihrer fast universellen Einsatzmöglichkeiten großer Beliebtheit, so auch die 41 360. Die Maschine mit Ölfeuerung wurde von den Bahnbetriebswerken Osnabrück Hbf und Kirchweyhe im Güter- und schnellen Personenverkehr hauptsächlich auf der Achse Hamburg–Ruhrgebiet eingesetzt. 1968 kamen alle nach Rheine, sie wurden jetzt als Baureihe 042 geführt und zogen die schweren Erzzüge der Emslandstrecke bis zu deren Elektrifizierung.

Mit dem Transport der Erzzüge im Emsland gehörten die 41er mit den 44er Öl zu den letzten planmäßig eingesetzten Dampflokomotiven der DB.

▶ Wussten Sie schon?

Die Konstruktionskosten konnten durch Verwendung von Baugruppen parallel entwickelter Baureihen unter 10.000 Reichsmark gehalten werden.

TECHNISCHE DATEN

Hersteller	BMAG u.a.
Lieferung/Indienststellung	1957–1961 (Umbau)
Spurweite	Normalspur
Bauart	1'D1' h2
Länge über Puffer	23,9 m
Masse	101,5 t
Höchstgeschwindigkeit	90 km/h
Leistung	1.453 kW
Stückzahl	107

Baureihe 44 Öl (043)

Die Baureihe 44 produzierte viel Dampf und verbrauchte entsprechende Mengen Kohle. Um die Leistung konstant zu halten, wurden ab 1958 bei der DB etliche Loks auf Ölhauptfeuerung umgebaut. Bei der Ölfeuerung wurde das im kalten Zustand sehr zähe Schweröl auf rund 70°C vorgewärmt, um es fließfähig zu machen, und dann in die Brennkammer geblasen und verbrannt. Neben dem Ersatz der Windleitbleche (Witte statt Wagner) nahm die Bundesbahn an den Maschinen eine Vielzahl an größeren und kleineren Bauartänderungen vor.

Die ölgefeuerten Lokomotiven der DB führten im Computer-Nummernschema ab 1968 bis zur Ausmusterung die Baureihenbezeichnung 043. Die Maschinen mit Rostfeuerung behielten die Baureihenbezeichnung 44 mit der für Dampfloks üblichen vorgestellten „0". Bei der DB konnten sich kohle- und ölgefeuerte Loks fast gleich lang im Betrieb halten. Einsatzgebiete waren neben dem Emsland die Mittelgebirgsstrecken wie etwa im Harz. Die Ausmusterungen begannen 1970. Die letzten kohlegefeuerten Lokomotiven wurden im Mai 1977 im Bw Gelsenkirchen-Bismarck ausgemustert.

TECHNISCHE DATEN

Hersteller	Henschel
Umbau/Indienststellung	1926–1949
Spurweite	Normalspur
Bauart	1'E h3
Länge über Puffer	22,6 m
Masse	110,2 t
Höchstgeschwindigkeit	80 km/h
Leistung	1.545 kW
Stückzahl	36

Die 043 121 mit einem Erzzug auf der Emslandstrecke in Richtung Ruhrgebiet.

Baureihe 50^{40}

Die Baureihe 50^{40} war eine der zugkräftigsten deutschen Dampfloks. Bild: Jan-Willem van Dorp

Nach den guten Erfahrungen, die man mit zwei mit Abgasvorwärmern nachgerüsteten Lokomotiven der Baureihe 52 gemacht hatte, beschloss die DB, auch eine Lok der Baureihe 50 mit einem Rauchgas-Vorwärmer auszustatten. Da auch bei dieser Lokomotive mit der Nummer 50 1412 die Leistung erhöht werden konnte und die Brennstoffersparnis 20 Prozent betrug, wurden ab 1958 weitere Lokomotiven mit Vorwärmern ausgestattet und in Baureihe 50^{40} umbenannt. Äußerlich konnte man die Nachrüstung gut durch den seitlich am Langkessel montierten Schornstein erkennen.

▶ Wussten Sie schon?

Die Idee kam aus Italien, wo die FS einige ihrer Modelle mit sogenannten Franco-Crosti-Vorwärmern ausgestattet hatte.

TECHNISCHE DATEN

Hersteller/Umbau	Deutsche Bundesbahn
Lieferung/Indienststellung	Umbau 1954–1959
Spurweite	Normalspur
Bauart	1'E h2
Länge über Puffer	22,9 m
Masse	90,6 t
Höchstgeschwindigkeit	80 km/h
Leistung	1.133 kW
Stückzahl	31

Porträtfoto. Bild: Slg. Andreas Knipping

Baureihe 65

Diese Neubaudampflok der DB sollte im Nahverkehr eingesetzt werden, für den sie dank ihrer guten Anfahrbeschleunigung sehr geeignet war. Nach der Behebung einiger Mängel, die auch die schlechten Laufeigenschaften verschuldet hatten, konnten sich die 65er bis Anfang der 1970er-Jahre bewähren. Die Zweizylindermaschinen erreichten Geschwindigkeiten von bis zu 85 km/h. Besonders ist hervorzuheben, dass diese Baureihe äußerst sparsam im Verbrauch war, dennoch aber die Leistung ihrer Vorgängerin, der Baureihe 93^5, weit übertraf.

▶ **Wussten Sie schon?**

Die Baureihe wurde in den Ballungsräumen Nordrhein-Westfalens und Hessens im Regionalverkehr eingesetzt.

Baureihe 65 im Bw Essen Hbf. (1)

TECHNISCHE DATEN

Hersteller	Krauss-Maffei
Lieferung/Indienststellung	1951–1956
Spurweite	Normalspur
Bauart	1D2′ h2t
Länge über Puffer	15,4 m
Masse	107 t
Treibraddurchmesser	1.500 mm
Höchstgeschwindigkeit	85 km/h
Leistung	1.069 kW
Stückzahl	18

Die nach Holland „ausgewanderte" DB-Neubaulok 65 018 durfte 2002 einige Fahrten in ihrer alten Heimat unternehmen. Bei Gruiten nähert sie sich dem Endpunkt Ohlig. Bild: Christoph Oboth

105

„Anna"

Die Zeche Anna in Alsdorf setzte noch in den 1980ern mehrere Dampfloks für Rangierarbeiten ein. Da das Gelände von öffentlichen Straßen gut einsehbar war, erlangten die Loks in der Szene eine gewisse Berühmtheit. Die Lok 6 aus der ELNA-Typenreihe war ursprünglich an Dynamit Nobel, Troisdorf geliefert und fand ihren Weg über Bochum 1972 nach Alsdorf. 1989 wurde sie vom Westfälischen Industriemuseum, Zeche Zollern in Dortmund erworben, wo sie heute wieder einsatzbereit für Sonderfahrten zur Verfügung steht.

TECHNISCHE DATEN

Hersteller	Krupp
Lieferung/Indienststellung	1940
Spurweite	Normalspur
Bauart	Dt n2
Länge über Puffer	k.A.
Masse	k.A.
Höchstgeschwindigkeit	40 km/h
Leistung	k.A.
Stückzahl	1

Lok Anna im Einsatz in der gleichnamigen Zeche in Alsdorf, 1984. Bild: Bernd Seebach/Archiv Koch

106

„Merzig"

Lok 26 „Merzig" der Museumsbahn Losheim auf der Drehscheibe des Bahnbetriebswerks Gerolstein, April 2010.

Lok „Merzig" ist eine der zahlreichen für Industrie und Werkbahnen gebauten Tenderlokomotiven. Diese mussten vor allem wartungsarm und leicht in der Bedienung sein. Der Anforderungskatalog war völlig konträr: Keine hohen Geschwindigkeiten und wenn die Zuglasten zu groß waren, wurden die Züge geteilt und nacheinander weggefahren. Doch ähnelten sich die Konstruktionen, weil die Hersteller viele Teile der Standardmaschinen verbauten. Auch Lok „Merzig" schaut auf eine lange Museumsbahn-Karriere zurück.

TECHNISCHE DATEN

Hersteller	Henschel
Lieferung/Indienststellung	1937
Spurweite	Normalspur
Bauart	C n2t
Länge über Puffer	k.A.
Masse	k.A.
Höchstgeschwindigkeit	k.A.
Leistung	k.A.
Stückzahl	1

107 Feldbahndampflok Typ „Riesa“

Nach dem Zweiten Weltkrieg baute Henschel Lokomotiven, um die im durch die Alliierten zerbombten Innenstädte effektiv „aufzuräumen“. Sie beruhten auf einer Feldbahnentwicklung des Typs „Riesa“ aus den Anfängen des 20. Jahrhunderts. Nachdem die Aufräumarbeiten einigermaßen abgeschlossen waren, wurden die beachtlichen Netze der Trümmerbahnen teilweise direkt in Straßenbahnen umgewandelt, wobei die Loks zunächst im Einsatz blieben.

Eine Trümmerlok räumt heute noch symbolisch den Schutt im Deutschen Technikmuseum Berlin.

TECHNISCHE DATEN

Hersteller	Henschel
Lieferung/Indienststellung	ab 1905
Spurweite	600 mm
Bauart	Bt
Länge über Puffer	4,8 m
Masse	8,30 t
Höchstgeschwindigkeit	k.A.
Leistung	70 kW
Stückzahl	mehrere Hundert

108 Trambahnlok

Trambahnlok im Bahnhof Prien

Auch heute verkehrt in der Hauptsaison zwischen Priener Bahnhof und Seeanleger noch die 1887 von Krauss, München gebaute Straßenbahnlokomotive (Fabriknummer 1813). Die Kosten lagen damals bei 12.500 Goldmark. Bei einer Überholung 1937 wurde eine neue Feuerbüchse eingebaut. Ein Ersatzkessel der Lokomotivfabrik Arnold Jung wurde im Winter 1957/1958 verbaut. Das ergab eine Steigerung von 44 kW auf 74 kW. Die mehr als 2.000 Fahrten im Jahr benötigten rund 25 t Kohle im Jahr, als die Maschine noch allein im Einsatz war.

TECHNISCHE DATEN

Hersteller	Krauss
Lieferung/Indienststellung	1887
Spurweite	Meterspur
Bauart	B n2t
Länge über Puffer	k.A.
Masse	35,0 t
Höchstgeschwindigkeit	k.A.
Leistung	74 kW
Stückzahl	1

109

Baureihe 99^{08-09}

Die kastenförmige 99 037. Bild: Sammlung Kieper

Die Pfalzbahnen bestellten 1888 sogenannte Trambahnlokomotiven für die Schmalspurstrecken Ludwigshafen–Großkarlbach und Speyer–Neustadt (Weinstraße). Von 1888 bis 1910 fertigte Krauss 14 Maschinen an. Ihr kastenförmiger, ringsum verglaster und komplett überdachter Aufbau wich stark von den üblichen Lokbauformen ab. Der genietete Nassdampfkessel entsprach jedoch der Normalbauart. Selbst 1952, also 64 Jahre nach der Fertigstellung, wurde die 99 087 noch immer von der DB vor Personen- und Güterzügen eingesetzt. Als letzte Lok wurde 99 093 am 10. August 1957 ausgemustert.

TECHNISCHE DATEN

Hersteller	Krauss
Lieferung/Indienststellung	1889–1899, 1907, 1910
Spurweite	Schmalspur
Bauart	C n2t
Länge über Puffer	6,0 m
Masse	22,7 t
Höchstgeschwindigkeit	30 km/h
Leistung	106 kW
Stückzahl	14

110

Baureihe 99^{16}

Die Königlich Sächsischen Staatseisenbahnen bestellten 1902 für die meterspurige Strecke Reichenbach–Oberheinsdorf drei Schmalspur-Dampflokomotiven der Bauart Fairlie (ein Führerstand, zwei Kessel, zwei Drehgestelle, in beide Richtung gleichwertig einsetzbar). Die DRG übernahm 1925 die Lokomotiven und teilte ihnen die Baureihe 99^{16} und somit die Nummern 99 161 bis 99 163 zu. Die 99 162 ist museal erhalten geblieben, während 99 161 verschrottet wurde und die 99 163 als Beutegut auf dem Weg zur Krim im Schwarzen Meer per Torpedotreffer versenkt wurde.

Die 99 162 in Dresden. Bild: Slg. Koch

TECHNISCHE DATEN

Hersteller	Hartmann
Lieferung/Indienststellung	1902
Spurweite	Schmalspur (750 mm)
Bauart	B'B' n4vt
Länge über Puffer	10,4 m
Masse	41,8 t
Treibraddurchmesser	760 mm
Höchstgeschwindigkeit	30 km/h
Leistung	191 kW
Stückzahl	3

111

Baureihe 99^{22}

Gebraucht wurden die Loks der Baureihe 99^{22}, um ab Anfang der 1930er-Jahre die älteren preußischen Maschinen in dem Bereich der Reichsbahndirektion Erfurt abzulösen. Allerdings wurden nur drei Loks gebaut. Diese wurden zunächst in Thüringen auf der Schmalspurbahn Eisfeld–Schönbrunn eingesetzt. Sie erhielten die Reichsbahn-Betriebsnummern 99 221 bis 99 223.

Der Zweite Weltkrieg verschlug die 99 221 und 223 nach Norwegen als Ersatzloks auf der zur elektrisch betriebenen Thamshavnbanen. Nach Kriegsende wurde der elektrische Betrieb wieder aufgenommen und die beiden Lokomotiven wurden bis 1953 verschrottet. Lok 99 222 hingegen blieb bis 1966 auf ihrer Stammstrecke. Nach deren Stilllegung gelangte sie in den Harz. Sie gehört heute, wieder äußerlich weitgehend in den Originalzustand versetzt, zum betriebsfähigen Fahrzeugbestand der Harzer Schmalspurbahnen (HSB). Die 99^{22} waren die Vorlage für die ab 1953 gebauten Neubauloks der Baureihe 99^{23}.

Erkennbare Unterschiede zwischen dem Original und den Neubauloks sind die ganz verschließbaren Führerhaustüren und der geschweißte Blechrahmen.

TECHNISCHE DATEN

Hersteller	BMAG
Umbau/Indienststellung	1931
Spurweite	Meterspur
Bauart	1'E1' h2t
Länge über Puffer	11,6 m
Masse	65,8 t
Treibraddurchmesser	1.000 mm
Höchstgeschwindigkeit	40 km/h
Leistung	478 bis 514 kW
Stückzahl	3

Im herbstlich gefärbten Harz erklimmt die 99 222 die Steigung hinter Wernigerode.

Baureihe 99^{72}

Umsetzen der Lok auf dem höchsten Bahnhof Deutschlands auf dem Brocken.

Um die bunte Mischung der verschiedenen Splittergattungen mit überalterten Loks der Harzquerbahn abzulösen, bestellte die DR ab 1954 insgesamt 17 Neubaulokomotiven. Die Konstruktion erfolgte auf den Plänen der Einheitsloks der Baureihe 99^{22}. Die wesentlichen Unterschiede sind die durchgängige Fertigung in Schweißkonstruktion. Statt eines Barrenrahmens besaßen sie einen geschweißten Blechrahmen. Die Laufwerkskonstruktion war komplexer gestaltet und die vollständig geschweißten Kessel erhielten einen Mischvorwärmer. Der Antrieb erfolgte auf den dritten Kuppelradsatz. Allerdings machten die Blechrahmen Probleme, denn es häuften sich Risse und Verbiegungen.

Ab 2004 begann man daher die Loks zu überarbeiten. Zehn davon erhielten einen neuen Blechrahmen in Schweißkonstruktion und neue Dampfzylinder. Einzig die 99 7235 mit Originalrahmen war Ende 2016 noch betriebsfähig.

▶ Wussten Sie schon?
Alle Loks wurden zwischen 1976 und 1981 auf Ölhauptfeuerung umgerüstet. Durch die Ölpreissteigerung entschied man sich ab 1982, sie wieder auf Kohlefeuerung zurück zu bauen.

TECHNISCHE DATEN

Umbau	LKM Babelsberg
Lieferung/Indienststellung	1954–1956
Spurweite	Meterspur
Bauart	1'E1' h2t
Länge über Puffer	12,5 m
Masse	60,5 t
Höchstgeschwindigkeit	40 km/h
Leistung	515 kW
Stückzahl	17

113

Baureihe 99^{23}

Der Aufschwung der Seebäder an der Ostsee brachte auch der Strecke Bad Doberan–Kühlungsborn einen starken Verkehrszuwachs. Zur Verstärkung der 1923 beschafften Loks der Baureihe 99^{31} bestellte die DR deshalb bei Orenstein & Koppel drei weitere Lokomotiven. Vorgabe war, dass die neuen Maschinen an die Baugrundsätze und Normen der Einheitslokomotiven angepasst sein sollten. Diese Vorgaben wurden durch die Verwendung etlicher standardisierter Baugruppen umgesetzt. Als die Loks 1932 ausgeliefert wurden waren sie mit einer Reisegeschwindigkeit von 50 km/h zusammen mit der NWE Nr. 21 die schnellsten deutschen Schmalspurdampflokomotiven.

Als 1970 auf Computer-Nummern umgestellt wurde, bekamen die Loks die Nummern 99 2321-0, 99 2322-8 und 99 2323-6. Ab Mitte 1970er-Jahre wurden die Graugusszylinder gegen geschweißte Stahlzylinder getauscht.

Zwischen 1994 und 1997 wurden die drei Lokomotiven in Meiningen einer erneuten Generalüberholung unterzogen. Da durch die Zunahme des Tourismus der Lok-Bestand im Falle von Ausfällen zu knapp war, beschlossen die Verantwortlichen, eine weitere Maschine nachzubauen. Bei der in Meiningen gefertigten Lokomotive 99 2324-4, 2009 in Dienst gestellt, wurden die bisherigen konstruktiven Verbesserungen der Vorläufer umgesetzt.

Nach der Bahn-Vereinigung erhielten zum 1. Januar 1992 die Loks die Betriebsnummern 099 901-1, 099 902-9 und 099 903-7. Nach der Privatisierung der Bahn als „Mecklenburgische Bäderbahn Molli GmbH & Co. KG“ zum 1. Oktober 1995 erhielten sie ihre altvertrauten EDV-Nummern zurück.

TECHNISCHE DATEN

Hersteller	O&K, DLW Meiningen
Umbau/Indienststellung	1932, 2008
Spurweite	900 mm
Bauart	1'D1' h2t
Länge über Puffer	10,6 m
Masse	43,7 t
Treibraddurchmesser	1.100 mm
Höchstgeschwindigkeit	50 km/h
Leistung	338 kW
Stückzahl	4

„Molly“ dampft durch die Hauptstraße Bad Doberans. Juni 2011.

99 3317 der Muskauer Waldbahn in Bad Muskau, November 2002. Bild: W.u.H. Brutzer

99 3310, 3311, 3313–3318

114

Die Lokomotiven der Waldeisenbahn Muskau haben das seltene Kunststück fertig gebracht, alle als Museums- oder Denkmalslok zu „überleben". Ursprünglich waren sie als Heeresfeldbahnlokomotiven gebaut worden, die Material und Menschen an die Front zu bringen hatten. Die „Gräflich Arnim'sche Kleinbahn Muskau" erwarb sie 1921/22. Nach dem Zweiten Weltkrieg wurden sie umgebaut und bis in die 1970er-Jahre eingesetzt. Ein wichtiges Utensil war der Holzstamm, den man immer mitführte, um die Lok wieder einzugleisen. Besonders auffällig war der Kobelschornstein, der der Vermeidung von Funkenflug diente.

Die 99 3317 im Juli 1975. Bild: Slg. Koch

▶ Wussten Sie schon?

Die Waldeisenbahn Muskau befindet sich in unmittelbarer Nähe der Neiße und der Grenze zu Polen.

TECHNISCHE DATEN

Hersteller	O & K, Krauss, Borsig, Henschel
Lieferung/Indienststellung	1914–1922
Spurweite	600 mm
Bauart	Dn 2t
Länge über Puffer	5,8 m
Masse	12,0 t
Höchstgeschwindigkeit	25 km/h
Leistung	36 kW
Stückzahl	8

Die dritte Lok 99 4503 erhielt 1965 einen neuen Kessel. Bild: Klaus Kieper

115

Baureihe 99^{450}

Im Jahr 1897 wurde in der Prignitz im nördlichen Brandenburg eine Kleinbahn eröffnet. Der Kreis Ostprignitz beschaffte von der sächsischen Firma Hartmann Loks einer Bauart, die zwei Jahre zuvor an Norwegen geliefert worden war. Es handelte sich dabei um Nassdampf-Tenderlokomotiven der Spurweite 750 mm, die drei gekuppelte Treibachsen hatten. Ihre Achsfahrmasse war ausgesprochen gering und lag bei nur 5 t. Bei der 99 4503 wurde der genietete Kessel 1965 durch einen geschweißten ersetzt. Doch schon 1969 wurde auch sie ausgemustert. Sie ist aber als Museumslok erhalten.

▶ Wussten Sie schon?

Nach Einstellung der Strecke Pasewalk Ost–Klockow im Oktober 1964 kam die 99 4501 nach Dahme (Mark), wurde aber bereits Weihnachten abgestellt.

TECHNISCHE DATEN

Hersteller	Hartmann
Lieferung/Indienststellung	1897, 1900
Spurweite	750 mm
Bauart	C n2t
Länge über Puffer	6,2 m
Masse	20 t
Höchstgeschwindigkeit	30 km/h
Leistung	62,5 kW
Stückzahl	4

116

Baureihe 99[460]

Bekannt wurde diese Baureihe vor allem dadurch, das zwei von ihnen lange Jahre auf Rügen ihren Dienst verrichteten. Die dritte kam zu den Demminer Kleinbahnen West. 1932 wechselte sie dann ebenfalls auf die Ostseeinsel, während die erste nach Jarmen in eine

Diese Lok lief von 1932 bis 1964 bei den Rügenschen Kleinbahnen. Bild: Pochadt

Zuckerfabrik kam. Die beiden Rügener Loks wurden 1962 und 1964 abgestellt und danach verschrottet. Die unkomplizierten Zweikuppler waren gerade mal sechs Meter lang. Die kleine Tenderlok führte 1,3 m³ Wasser und eine halbe Tonne Kohlen mit.

TECHNISCHE DATEN

Hersteller	Vulcan/Henschel
Lieferung/Indienststellung	1896 (Vulcan), 1911
Spurweite	750 mm
Bauart	B n2t
Länge über Puffer	5,8–6,07 m
Masse	12,5 t
Höchstgeschwindigkeit	30 km/h
Leistung	51,4 kW (Vulcan), 55 kW
Stückzahl	3

117

Baureihe 99[463]

In Pommern wurden für die dortigen Kleinbahnen 1913/14 insgesamt acht Vierkuppler Loks von Vulcan in Stettin beschafft (Gattung M), 1925 folgte zwei weitere. Die letzten Loks waren Heißdampflokomotiven (Baureihenbezeichnung Mh). Da sie sich bewährten, wur-

Gemütliches Päuschen in Bergen auf Rügen auf der 99 4631

den die älteren Loks nachgerüstet. Als die DR die RüKB am 1. April 1949 übernahm, wurden die Loks mit den neuen Nummern 99 4631 bis 99 4633 bezeichnet. Nur die drei Loks der RüKB mit den Nummern 51Mh bis 53Mh blieben auf Rügen.

TECHNISCHE DATEN

Hersteller	AG Vulcan Stettin
Lieferung/Indienststellung	1913–1925
Spurweite	750 mm
Bauart	D n2t
Länge über Puffer	7,7 bzw. 8,0 m
Masse	23,5 bzw. 25,5 t
Höchstgeschwindigkeit	30 km/h
Leistung	147 bzw. 173 kW
Stückzahl	10

118

99 4701

Henschel baute 1914 für die Prignitzer Eisenbahngesellschaft zwei Loks: eine für den Kreis Westprignitz, die andere für Ostprignitz. Die Ostprignitzer Lok wurde 1945 von den Sowjets erbeutet. So kam nur ein Exemplar zur DR. Da es immer wieder Probleme mit den knappen Vorräten gab, wurde die Lok 1964 rekonstruiert. Änderungen waren der nach hinten verlängerte Rahmen, der umgebaute Kessel und die erneuerte Dampfdomhaube. 1971 wurde der Betrieb auf der Prignitzbahn eingestellt. Die Lok steht als Denkmal in Bad Kreuznach.

99 4701 der Prignitzer Kleinbahn. Bild: K. Kieper

TECHNISCHE DATEN

Hersteller	Henschel
Lieferung/Indienststellung	1914
Spurweite	750 mm
Bauart	C h2t
Länge über Puffer	6,4 m
Masse	18,2 t
Höchstgeschwindigkeit	35 km/h
Leistung	62 kW
Stückzahl	2

119

Baureihe 99^{48}

99 4801 bei der Einfahrt in Binz, Juni 2011.

Die beiden Schmalspurlokomotiven Nr. 20 und 21 der ehemaligen Kleinbahnen des Kreises Jerichow I sind vierfach gekuppelte Heißdampflokomotiven. Henschel baute sie 1938, wobei sich die Konstrukteure an den Einheitsloks der Baureihe 99^{32} orientierten. Die Loks sind etwas kleiner dimensioniert und haben keine Nachlaufachse. Nach Stilllegung ihrer Stammbahn 1965 kamen sie zur ehemaligen Rügenschen Kleinbahn. 1949 erhielten sie von der Deutschen Reichsbahn die Nummern 99 4801 und 4802. Dort sind sie noch heute unter derselben Nummer im Einsatz.

TECHNISCHE DATEN

Hersteller	Henschel
Lieferung/Indienststellung	1938
Spurweite	750 mm
Bauart	1'D h2t
Länge über Puffer	9,4 m
Masse	32,4 t
Höchstgeschwindigkeit	45 km/h
Leistung	235 kW
Stückzahl	2

99 5001

Die Spremberger Tenderlok 99 5001 wurde 1925 von der Firma Borsig gebaut. Bild: K. Kieper

Spremberg hatte für seine Stadtbahn 1925 diese Heißdampf-Tenderlok bei Borsig bezogen. Sie verkehrte auf der Kohlenbahn nach Haidemühl. Als diese Strecke 1953 eingestellt wurde, wurde die Spremberger Lok in den Harz und somit an die Deutsche Reichsbahn überstellt. Dort verrichtete sie als 99 5001 zwischen 1957 und 1967 in Nordhausen Rangierdienst.

Die Lok bewältigte Gleisbögen mit einem Halbmesser von nur 20 Metern. Sie wirkte sehr gedrungen, weil ihr Langkessel einen hohen Durchmesser hatte. Sie hatte – selten bei Schmalspurloks – einen Barrenrahmen. Ein Problem waren die geringen Kohlevorräte von nur 0,5 t. Bei einem Umbau wurden diese erweitert und somit die Reichweite erhöht, indem auf den seitlichen Wasserkästen zusätzliche Kohlekästen aufgesetzt wurden.

Heute ist diese Lok, die als Einzelstück 1967 abgestellt wurde, in Frankreich als Museumslok erhalten.

TECHNISCHE DATEN

Hersteller	Borsig
Lieferung/Indienststellung	1925
Spurweite	Meterspur
Bauart	B h2t
Länge über Puffer	6,15 m
Masse	20,5 t
Höchstgeschwindigkeit	25 km/h
Leistung	169 kW
Stückzahl	1

121 sächsische IV K ($99^{51-60, 67-71}$)

Die sächsischen IV K („K“ steht für „Kleinspur“) der Sächsischen Staatseisenbahnen sind vierachsige Schmalspur-Dampflokomotiven der Bauart Günther-Meyer. Mit 96 Exemplaren ist sie die meistgebaute deutsche Schmalspur-Dampflok-Baureihe. Bei der DR erhielten diese Loks ab 1925 die Baureihenbezeichnung 99^{51-60}. Da das Verkehrsaufkommen auf den sächsischen Schmalspurbahnen Ende des vorletzten Jahrhunderts ständig zunahm, mussten stärkere Maschinen beschafft werden. Bei der Sächsischen Maschinenfabrik wurde daraufhin eine Baureihe mit größerem Kessel und einer größeren Reibungsmasse entwickelt. Allerdings erhielten diese Loks jetzt zwei angetriebene Drehgestelle, somit konnten engere Radien befahren werden.

Fünf Loks überstanden den Ersten Weltkrieg nicht, drei Maschinen gingen nach Polen, zwei weitere gelangten nach Ungarn.

Die verbleibenden 91 Loks übernahm 1925 die DR und versah sie mit den Nummern 99 511 bis 608. Als die neuen Maschinen (Nr. 99.671–717 und 99.731–762) nachgeliefert wurden, musterte man bis 1939 zunächst 18 ältere Loks aus. Der Zweite Weltkrieg forderte weitere zwölf Maschinen und nach Kriegsende verblieben zwei Loks in der Tschechoslowakei und vier weitere in der UdSSR. Da der vorgesehene Ersatz durch neue Schmalspur-Dieselloks nicht erfolgreich war, wurden ab 1962 29 Lokomotiven einer Rekonstruktion unterzogen.

Die letzten Loks im Ursprungszustand schieden spätestens 1973 aus dem Dienst aus. Die neueren IV K waren in den 1980ern noch auf den Linien Wolkenstein–Jöhstadt und Oschatz–Mügeln–Kemmlitz im Einsatz. 1991 gab es noch 13 einsatzbereite Lokomotiven der Baureihe.

Als nach der Vereinigung die Betriebsnummern im Bereich von DR und DB vereinheitlicht wurden, erhielten diese Loks ab dem 1. Januar 1992 die neuen Betriebsnummern 099 701 bis 099 713. Etliche schafften es in den Museumsbetrieb verschiedener Bahnen.

Die Schmalspurloks 99 713 und 705 in Mügeln, Ende Februar 1992. Bild: W.u.H. Brutzer

TECHNISCHE DATEN

Hersteller/Umbau	Sächsische Maschinenfabrik, Chemnitz
Lieferung/Indienststellung	1892, 1921
Spurweite	750 mm
Bauart	B'B' n4v
Länge über Puffer	9 m
Masse	26,8–29,3 t
Treibraddurchmesser	760 mm
Höchstgeschwindigkeit	30 km/h
Leistung	154 kW
Stückzahl	96

Baureihe 99^{570}

Dieses Exemplar stieß erst 1903 zum Fuhrpark der Spreewaldbahn. Bild: Klaus Kieper

Der Lokomotivenbauer Hohenzollern lieferte ab 1897 sieben meterspurige Tenderlokomotiven an die – ab 1923 so bezeichnete – Spreewaldbahn. Sie wurden nach Namen von Bahnhöfen bezeichnet, die an der Strecke lagen. 1937 und nochmal 1943 wurden sie umgezeichnet. Die Deutsche Reichsbahn der DDR gliederte sie schließlich als Baureihe 99^{570} in ihren Bestand ein. Da Anfang der 1940er-Jahre Abnutzungserscheinungen bei den Kurbelzapfen der ersten Achse auftraten, wurden bei einigen Baumustern die erste Achse zur Laufachse umgearbeitet. Weil das Volumen der Kohlenkästen für die in der DDR-Zeit verwendeten Braunkohlebriketts nicht ausreichten, wurden Vorräte mit ins Führerhaus genommen. Bis zur Einstellung der Strecke im Jahr 1970 waren die Dreikuppler ununterbrochen tätig. Bis auf eine wurden alle verschrottet. Die einzige verbliebene steht im Lübbenauer Spreewaldmuseum.

▶ Wussten Sie schon?

Die erste der insgesamt sieben ausgelieferten Lokomotiven für die Spreewaldbahn bekam den Namen „Lübben".

TECHNISCHE DATEN

Hersteller	Hohenzollern
Lieferung/Indienststellung	1897–1903
Spurweite	Meterspur
Bauart	C n2t
Länge über Puffer	6,6 m
Masse	21,0 t
Höchstgeschwindigkeit	35 km/h
Leistung	84,5 kW
Stückzahl	7

Die einzige von drei Lokomotiven der Gernrode–Harzgeroder Eisenbahn, die in den Dienst bei der Deutschen Reichsbahn übernommen wurde, war die „Gernrode". Sie erhielt die Bezeichnung 99 5811. Bild: Klaus Kieper

123

99 5811

Im Jahr 1887 wurde die Gernrode–Harzeroder Eisenbahn-Gesellschaft eröffnet, die Selketalbahn. Bei Henschel wurden drei Schmalspurloks beschafft, die Steigungen bis 40 Promille und Bogenhalbmesser von 50 Metern bewältigen konnten. Weitere drei wurden nachgeordert. Nach dem Zweiten Weltkrieg bauten die Sowjets die Gleise der Selketalbahn bis auf ein kleines Stück ab. Eine einzige Maschine war verblieben,weil auf dem 1947 wieder zusammengeflickten Streckenstück vom Anschluss Flussspatschacht bis Alexisbad eine Lok für den Transport von Flussspat gebraucht wurde. Sie wurde von der DR übernommen und als 99 5811 weiterbetrieben. Die bei ihrer Indienststellung „Gernrode" getaufte Maschine war die älteste Schmalspurlokomotive der Reichsbahn.

TECHNISCHE DATEN	
Hersteller	Henschel
Lieferung/Indienststellung	1887
Spurweite	Meterspur
Bauart	C n2t
Länge über Puffer	7,8 m
Masse	25,0 t
Höchstgeschwindigkeit	30 km/h
Leistung	117 kW
Stückzahl	1

124

99 586

Die Lok 99 586 der Bauart Meyer hat 100 Jahre auf dem Buckel und einige Wirrungen überlebt. Die im Lauf der Jahre durchgeführte Optimierungen wurden zumindest äußerlich auf den

Die Traditionslok 99 586 in Radebeul-Ost

alten Zustand zurückgebaut, die Lackierung und Nummerierung wurde wieder dem Reichsbahnzustand angepasst. Als Traditionslok der Schmalspurbahn Radebeul–Radeburg versieht sie nach wie vor ihren Dienst.

TECHNISCHE DATEN

Hersteller	Sächsische Maschinenfabrik
Lieferung/Indienststellung	1892–1921
Spurweite	Schmalspur (750 mm)
Bauart	B'B' n4v
Länge über Puffer	9,0 m
Masse	26,8 bis 29,3 t
Höchstgeschwindigkeit	30 km/h
Leistung	154 kW
Stückzahl	96

125

Baureihe 99^{590}

Die Nordhausen–Wernigeroder Eisenbahn-Gesellschaft (NWE) beschaffte Ende des vorletzten Jahrhunderts zwölf Mallet-Lokomotiven: neun von Arnold Jung in Jungenthal und drei von der Mecklenburgischen Maschinen- und Waggonbau AG in Güstrow mit den Nummern 11 bis 22. Die Bauart Mallet ist eine spezielle Bauart mit zweigeteiltem

99 5906 wird in Gernrode für den nächsten Einsatz bekohlt.

Triebwerk. Dabei ist ein Triebgestell als Drehgestell für kurvenreiche Bergstrecken ausgeführt. Diese Bauart wurde 1884 von dem Schweizer Ingenieur Anatole Mallet entwickelt. Sie ähneln Lokomotiven der Bauart Günther-Meyer, diese haben jedoch zwei Drehgestelle.

TECHNISCHE DATEN

Hersteller	Jung, MWG
Lieferung/Indienststellung	1897–1901
Spurweite	Meterspur
Bauart	B'B n4vt
Länge über Puffer	8,9 m
Masse	34,0 t
Höchstgeschwindigkeit	30 km/h
Leistung	190 kW
Stückzahl	12

126

99 5901

Die Lokomotiven der Baureihe 99^{590} erwiesen sich als sehr zuverlässig. Im Ersten Weltkrieg wurden sechs Loks an die Heeresfeldbahnen abgegeben. Von diesem Einsatz kamen sie nie wieder zurück. 1927 verunglückte eine Lok (NWE 12II). Zwischenzeitlich (in den 1980er- und 1990er-Jahren) waren die 99 5901 und 99 5903 wieder im historischen Grün mit gelben Verzierungen lackiert und mit der alten Beschilderung versehen als Traditionslokomotiven im Einsatz.

Ab 1950 wurden die Lokomotiven durch die DR als Baureihe 99^{590} bezeichnet. Als Mitte der 1950er-Jahre die Neubauloks (99^{23-24}) zur Harzquerbahn kamen, wurden die Mallets nicht mehr benötigt und wurden zur Selketalbahn umstationiert. 99 5905 wurde 1975 verschrottet und 99 5904 folgte Jahr 1990. Die restlichen drei Loks blieben im Bestand und taten ununterbrochen, gemeinsam mit der 99 6001 und 99 6101 ihren Dienst. Sie gehören zu den ältesten betriebsfähigen Dampfloks in Deutschland.

TECHNISCHE DATEN

Hersteller	Jung, MWG
Lieferung/Indienststellung	1897–1901
Spurweite	Meterspur
Bauart	B'B n4vt
Länge über Puffer	8,9 m
Masse	34,0 t
Höchstgeschwindigkeit	30 km/h
Leistung	190 kW
Stückzahl	12

Die 120-jährige Traditionslok 99 5901 erholt sich im Depot Wernigerode nach einem harten Arbeitstag

Baureihe 99^{60}

99 6001 war lange Jahre die Stammlok auf der Selketalbahn, der Nebenstrecke der Harzquerbahn

Ende der 1930er-Jahre wurde eine Serie von Heißdampf-Lokomotiven mit den Achsfolgen 1'C1', 1'D1' und 1'E1' für die Schmalspurbahnen im Harz geplant. Die Vereinheitlichung sollte Produktion, Ersatzteilvorhaltung und Unterhaltung der Lokomotiven kostengünstiger gestalten. Als 1'C1'-Prototyp wurde von Krupp die 99 6001 entwickelt, sie blieb durch die neuen Prioritäten aufgrund des Zweiten Weltkriegs das einzige Exemplar. Die weitere Beschaffung wurde ausgesetzt und später storniert. Die 99 6001 wurde von der NWE übernommen. Als die DR 1949 die NWE abwickelte, erfolgte die Umzeichnung auf 99 6001.

1956 landete die Maschine zunächst leihweise auf der Selketalbahn. Ab 1961 war sie dort (bis heute) regelmäßig im Einsatz. Von 1991 bis 1994 war sie in einer historisch anmutenden, grüner Farbgebung mit der Nr. 21 vor dem Traditionszug unterwegs. Die Malletlokomotiven waren bis dahin noch nicht auf das neuen Druckluftbremssystem der Waggons umgestellt worden. Außerhalb ihrer Sonderzugleistungen war sie weiterhin von Gernrode aus eingesetzt.

Die drei angetriebenen Achsen sind in einem Barrenrahmen fest gelagert. Die beiden Laufradsätze vor und hinter den Antriebsachsen sind in einem Bisselgestell radial ausschwenkbar gelagert.

TECHNISCHE DATEN

Umbau	Krupp
Lieferung/Indienststellung	1939
Spurweite	Meterspur
Bauart	1'C1' h2t
Länge über Puffer	8,9 m
Masse	47,6 t
Höchstgeschwindigkeit	50 km/h
Leistung	400 kW
Stückzahl	1

Baureihe 99^{610}

Im Jahr 1914 lieferte Henschel an das kaiserliche Heer zu Testzwecken zwei C-gekuppelte Tenderlokomotiven, die eine in Nassdampf-, die andere als Heißdampfausführung. Äußerlich unterschieden sie sich durch die kürzeren Wasserkästen der Heißdampflok, beide hatten auffällige runde Dampfdome. Die Versuche fanden im Harz statt. Dorthin wurde eine sofort verkauft, die andere zunächst zur Nassauischen Kleinbahn überstellt. Nach dem Ersten Weltkrieg kam die Lok zu ihrer Schwestermaschine zur Nordhausen–Wernigeroder Eisenbahn. Dort erhielten sie die Loknummern NWE 6 und 7. Hauptsächlich arbeiteten die beiden Dreikuppler im Rangierdienst oder beförderten Rollbockzüge zu den einzelnen Anschlüssen. Von der DR wurden sie als Baureihe 99^{610} übernommen. 1987 bzw. 1993 wurden sie außer Dienst gestellt und dienen nun zu Traditionsfahrten.

Wussten Sie schon?

Die Nassdampfversion dieser Baureihe trug die Loknummer 99 6101, die Heißdampflok bekam die 99 6102.

TECHNISCHE DATEN

Hersteller	Henschel
Lieferung/Indienststellung	1914
Spurweite	Meterspur
Bauart	C h2t
Länge über Puffer	7,7 m
Masse	32,0 t
Höchstgeschwindigkeit	30 km/h
Leistung	224 kW
Stückzahl	2

99 6101 ist im Februar 2012 von einem Sonderzugeinsatz zurückgekehrt. Bild: Christoph Oboth

Baureihe 99^{63} 129

Nach vielen Jahrzehnten zurückgekehrt: 99 633 in Ochsenhausen, Juli 1987. Bild: W.u.H. Brutzer

Da die auf den staatlichen Schmalspurstrecken Württembergs eingesetzten Klose-Lokomotiven sehr aufwendig zu warten waren, entschloss man sich zum Bau von weniger wartungsintensiven Mallet-Lokomotiven. Nachdem die ersten Lokomotiven der Bauart Tssd auf der 1899 fertig gestellten Strecke Ochsenhausen–Warthausen bewährt hatten, wurden sie auch auf allen anderen württembergischen 750-mm-Strecken eingesetzt.

Am 4. August 1985 zog die 99 633 (DGEG) noch Museumszüge auf dem schwäbischen Öchsle. Bild: Claus-Jürgen Jacobson

TECHNISCHE DATEN

Hersteller	Esslingen
Lieferung/Indienststellung	1899–1904
Spurweite	750 mm
Bauart	B'B n4vt
Länge über Puffer	8,2 m
Masse	28,7 t
Treibraddurchmesser	900 mm
Höchstgeschwindigkeit	30 km/h
Leistung	136 kW
Stückzahl	9

130

Baureihe 99^{64-65}

In den Jahren 1918/19 wurden 15 Maschinen für die Sächsischen Staatseisenbahnen gebaut. Bei der DR wurden diese Loks ab 1925 der Baureihe 99^{64-65} zugeordnet. Von 1923 bis 1927 wurden mehrere Serien nachgebaut und als Baureihe 99^{67-71} nummeriert. Ein Teil kam in den 1930er-Jahren nach Württemberg, 1938 gingen die 99 643 und 99 647 ins Waldviertel. Ab Anfang 1960 ging die Deutsche Reichsbahn (DR) dazu über, einige Lokomotiven zu rekonstruieren, teilweise waren es eigentlich Neubauten. Bei dem Umbau wurden neue Kessel eingebaut, auch Wasser- und Kohlenkästen wurden teilweise ersetzt. Nach dem Vorbild der Einheitslokomotiven erhielten die Maschinen neue Rahmen. Bei der Deutschen Bundesbahn waren die meisten Loks dieser Baureihe bis etwa 1965 im Einsatz, 1967 wurde als letzte die 99 704 ausgemustert. Die 99 716 kam in den 1930er-Jahren ebenfalls nach Württemberg und ist heute Museumslokomotive beim Öchsle. 99 713 wurde als Traditionslokomotive von der DR betriebsfähig erhalten.

TECHNISCHE DATEN

Hersteller	Henschel u.a.
Lieferung/Indienststellung	1918–1927
Spurweite	750 mm
Bauart	E h2t
Länge über Puffer	8,7 bzw. 9,0 m
Masse	40,4 bzw. 42,2 t
Treibraddurchmesser	800 mm
Höchstgeschwindigkeit	30 km/h
Leistung	k.A.
Stückzahl	62

99 716 ausgestellt im Stuttgarter Hauptbahnhof am 21. Oktober 1995. Bild: W.u.H. Brutzer

131

Baureihe 99^{74}

Nach der Übernahme der Zittauer Schmalspurbahnen durch die SOEG am 1. Dezember 1996 wurde die 99 749 als Traditionslok auserkoren und zumindest äußerlich weitgehend in den Originalzustand zurückversetzt. Dennoch lief sie, zur Freude der Fotografen, im normalen Planbetrieb mit. Nach einer erfolgter Hauptuntersuchung traf die Lok am 31. März 2014 wieder in Zittau ein und lief ab dem 5. April umgehend wieder im Zugdienst. Sie steht nun bis 2020 bei der SOEG wieder zur Verfügung.

TECHNISCHE DATEN

Hersteller	BMAG
Lieferung/Indienststellung	1929
Spurweite	750 mm
Bauart	1'E1' h2t
Länge über Puffer	10,5 m
Masse	56,7 t
Höchstgeschwindigkeit	30 km/h
Leistung	441 kW
Stückzahl	k.A.

Die Traditionslok 99 749 läuft in Zittau in den normalen Plänen mit.

132

Baureihe 99^{73-76}

Die Baureihe 99^{73-76} auf der Schmalspurbahn Radebeul–Radeburg, Oktober 2009.

Die Baureihe 99^{73-76} steht für Einheitslokomotiven der DRG. Mit ihren Nachfolgern der Baureihe 99^{77-79} waren sie die stärksten Schmalspurlokomotiven in Deutschland auf 750 mm-Spurweite. Die Sächsische Maschinenfabrik (vormals Richard Hartmann) in Chemnitz baute die ersten 13 Lokomotiven. Durch deren Konkurs 1930 ging der Nachfolge-Auftrag an die BMAG. Die Maschinen stehen teilweise heute noch im Dienst. Nach dem Zweiten Weltkrieg mussten zehn Lokomotiven als Reparation an die Sowjetunion abgegeben werden.

TECHNISCHE DATEN

Hersteller	Sächs. Masch.fabrik, BMAG
Lieferung/Indienststellung	1928–1933
Spurweite	750 mm
Bauart	1'E1' h2t
Länge über Puffer	10,5 m
Masse	56,7 t
Höchstgeschwindigkeit	30 km/h
Leistung	441 kW
Stückzahl	32

133 Baureihe 99^{77-79}

Nach dem Zweiten Weltkrieg fehlten bei den sächsischen Schmalspurbahnen leistungsfähige Maschinen. Insgesamt waren über zwanzig Maschinen der Baureihen 99^{51-60}, 99^{61} und 99^{64-71} im Krieg zerstört worden. Dreißig weitere Loks verschiedener Baureihen hatten unfreiwillig ihren Weg in die Sowjetunion gefunden. Dazu kam der neu aufgenommene Uranbergbau im Erzgebirge, wodurch auf den Schmalspur-Strecken die Beförderungsleistungen erheblich stiegen.

Wussten Sie schon?

Nicht nur Karl Marx – auf der Strecke Radebeul – Radeburg finden auch regelmäßig Karl-May-Tage statt.

1950 wurde daher der VEB Lokomotivbau Karl Marx damit beauftragt, eine neue Lokomotivbaureihe zu entwickeln. Diese orientierte sich weitgehend an der Einheits-Baureihe 99^{73-76}. Von 1952 bis 1957 wurden insgesamt 24 Lokomotiven gefertigt. Sie erhielten die Betriebsnummern 99 771 bis 99 794. Die letzten Maschinen sind heute überwiegend auf der Strecke Cranzahl–Oberwiesenthal zu finden.

TECHNISCHE DATEN

Hersteller	VEB Lok.b. Karl Marx
Lieferung/Indienststellung	1952–1956
Spurweite	750 mm
Bauart	1'E1' h2t
Länge über Puffer	11,3 m
Masse	55,0 t
Höchstgeschwindigkeit	30 km/h
Leistung	441 kW
Stückzahl	26

Von der alten Zeit zeugt nur noch die 99 786, der Rest ist Touristenerheiterung.

134

Class AD 60

AD 60 wurde 1972 ausgemustert. Bild: Slg. Paulitz

TECHNISCHE DATEN

Hersteller	Beyer, Peacock & Co.
Lieferung/Indienststellung	1952–1956
Spurweite	Normalspur
Bauart	2'D2'+ 2'D'2
Länge über Puffer	33,12 m
Masse	264,0 t
Treibraddurchmesser	1.396 mm
Leistung	k.A.
Stückzahl	47

Die New South Wales Government Railway hatte die schwerste Dampflok Australiens. Diese Lok hatte 16 Achsen, von denen acht angetrieben waren. Trotz ihres Gewichts hatte sie einen Achsdruck unter 16 t. So konnte sie auch auf Nebenstrecken gut eingesetzt werden.

135

Serie 10 der SNCB

Die belgische Serie 10. Bild:Heyelen/Slg.Brutscher

Die Loks der Serie 10 der belgischen Staatsbahnen SNCB vermittelten den Eindruck, als ob der Kessel vorne abgeschnitten sei. Grund dafür war, dass diese Pacific-Schnellzugloks möglichst viele Bauteile mit der Güterzuglok vom Typ Decapod gemeinsam haben sollten und daher der kurze Kessel der Güterzuglok auch bei der Pacific verwendet werden musste. Dass der Kessel außerdem konisch geformt wurde, war darauf zurückzuführen, dass zum Verfeuern minderwertiger Kohle eine große Feuerbüchse nötig war.

TECHNISCHE DATEN

Hersteller	Flamme/Legein
Lieferung/Indienststellung	1910–1914
Spurweite	Normalspur
Bauart	2'C1' h4v
Länge über Puffer	21,4 m
Masse	159,0 t
Treibraddurchmesser	1.980 mm
Höchstgeschwindigkeit	120 km/h
Leistung	k.A.
Stückzahl	58

136 Serie 12 der SNCB

Die stromlinienverkleidete 12004 der SNCB war in den 1980ern der Star der Dampflokszene in Belgien.

Bei den 1938 gebauten Loks der belgischen Reihe 12 handelte es sich um schnelle Stromliniendampflokomotiven mit Innentriebwerk. Sie repräsentierten den damals neuesten Stand der Technik. Die Loks der Reihe 12 waren mit Heißdampfkesseln, Feuerbüchs-Siederohren und Bremsen an allen Rädern ausgestattet. Mit der am 12. Juni 1939 erreichten Geschwindigkeit von 165 km/h war die stromlinienverkleidete 12 in den 1940er-Jahren die schnellste Lokomotive Belgiens. Sie war zudem die letzte Lokomotive, die in der Achsanordnung 2'B1' gebaut wurde. 1962 wurden die Maschinen ausgemustert.

Belgiens 12. Bild: Manfred Kopka/(1)

TECHNISCHE DATEN

Hersteller	Fa. Cockerill, Seraing
Lieferung/Indienststellung	1938/39
Spurweite	Normalspur
Bauart	2'B1' h2
Länge über Puffer	17 m
Masse	89,5 t
Treibraddurchmesser	2.100 mm
Höchstgeschwindigkeit	165 km/h
Stückzahl	6

Serie 29 der SNCB

Im Rahmen des „Marshallplans“ gaben die USA vielen Ländern nach dem Zweiten Weltkrieg dringend benötigte wirtschaftliche Hilfe. Belgien erhielt unter anderem 300 amerikanische Dampflokomotiven der Bauart 29. Die Maschinen bewährten sich durch ihre einfache und robuste Konstruktion, wobei das Führerhaus einen bis dato für europäische Verhältnisse ungewohnten Komfort bot. Ähnlich wie die 141R in Frankreich wurden diese Dampflokomotiven zum Symbol des wirtschaftlichen Wiederaufschwungs nach dem überstandenen Krieg. Eine Lok ist im Belgischen Eisenbahnmuseum erhalten.

TECHNISCHE DATEN

Hersteller	ALCo u.a.
Lieferung/Indienststellung	1945
Spurweite	Normalspur
Bauart	1'D h2
Länge über Puffer	18,5 m
Masse	74,0 t
Treibraddurchmesser	1.524 mm
Höchstgeschwindigkeit	90 km/h
Stückzahl	300

Wussten Sie schon?

Es gibt noch zwei Loks dieser 1967 ausgemusterten Baureihe. Die abgebildete ist die einzige noch betriebsfähige.

29013 war eine der 300 aus den USA gelieferten Loks der Reihe 29. Sie wurde zu einem Symbol des wirtschaftlichen Aufschwungs in Belgien. Bild:Heyelen/ Slg.Brutzer

Die belgische Serie 1 war eine Dampflok der Pacific-Bauart. Bild: Sammlung Udo Paulitz

138 Serie 1 der SNCB

Die Belgische Staatsbahn stellte 1934 diese hervorragende und modern wirkende Schnellzugdampflokomotive in Dienst. Mit ihr hatte sie die vielleicht beste Dampflok Belgiens geschaffen. Die Serie 1 bediente alle bedeutenden nationalen Verbindungen, die schwere Züge erforderten. Die Loks dieser Baureihe waren in der Lage, 700 t schwere Züge mit einer Geschwindigkeit von 137 km/h über eine Ebene zu ziehen. Zur Leistungssteigerung wurden die Maschinen mehrmals umgebaut, bis die Elektrifizierung den sehr viel wartungsintensiveren Dampfloks ein Ende setzte.

TECHNISCHE DATEN

Hersteller	de Haine-St-Pierre
Lieferung/Indienststellung	1934
Spurweite	Normalspur
Bauart	2'C1'h4
Masse	122,0 t
Treibraddurchmesser	1.980 mm
Höchstgeschwindigkeit	150 km/h
Leistung	2.500 kW
Stückzahl	35

139 Baureihe 01 der BDŽ

Die Baureihe 01 ist eine 1'D1'-Bauart, die Maschinen waren die ersten bulgarischen Einheitslokomotiven. Sie wurden von den BDŽ in den Jahren 1930 bis 1935 in Betrieb gestellt. Die Lokomotiven 01.01 bis 01.13 wurden zunächst bei der Inbetriebnahme noch als Serie 08 bezeichnet. Ab 1936 erfolgte die Umbezeichnung dieser 13 Lokomotiven zur Serie 01.

TECHNISCHE DATEN

Hersteller	Hanomag u.a.
Lieferung/Indienststellung	1930–1935
Spurweite	Normalspur
Bauart	1'D1' h2
Länge über Puffer	22,4 m
Masse	99,3 t
Höchstgeschwindigkeit	90 km/h
Leistung	k.A.
Stückzahl	13

Insgesamt wurden 23 Exemplare von den Herstellern Hanomag, Chrzanów, Borsig, Henschel sowie von SLM Winterthur gebaut. Bei der betriebsfähig erhaltenen 01.23 handelt es sich um die unter der Fabriknummer 3593 im Jahr 1935 als letzte dieser Serie gebaute Maschine. SLM Winterthur war mit deren Bau beauftragt.

Die 01.23 kann ihre „preußische Herkunft" nicht verleugnen (Yasen im Oktober 2013).

140 Baureihe 03 der BDŽ

Die zwölf Lokomotiven der Serie 03 wurden in den Jahren 1941/42 von Henschel für die BDŽ gebaut und standen alle bis 1976 in Betrieb. Die 2'D1'-Lokomotive 03.12 wurde unter der Fabriknummer 26575/1942 gebaut. Die schönen Henschelmaschinen konnten ihre Verwandtschaft zu den deutschen Schnellzugloks der letzten Generation nicht verleugnen.

TECHNISCHE DATEN

Hersteller	Henschel
Lieferung/Indienststellung	1941/42
Spurweite	Normalspur
Bauart	2'D1' h3
Länge über Puffer	23,1 m
Masse	108,2 t
Höchstgeschwindigkeit	100 km/h
Leistung	k.A.
Stückzahl	12

03.12 und 01.23 in Lewski (Bulgarien) Modell für einen „Glint". Oktober 2013.

141 Baureihe 05 der BDŽ

Auch die Baureihe 05 der Bulgarischen Eisenbahnen wurde im Rahmen der Anpassung an die Baugrundsätze der deutschen Einheitslokomotiven beschafft. Aufgrund der guten Erfahrungen mit der Baureihe 02 wurden ab 1939 alle weiteren Bestellungen, außer den Rangierlokomotiven, als Dreizylinderloks ausgeführt.

Wussten Sie schon?

Die Lieferung weiterer 15 Loks scheiterte an der Umstellung der deutschen Produktion auf ausschließlich „Kriegslokomotiven".

So bestellte die BDŽ Schlepptenderlokomotiven mit der Achsfolge 2'C1' (Bauart „Pacific") für den Schnellzugverkehr und ordnete sie als Baureihe „05" ein. Diese Pazifik-Serie wurde in lediglich fünf Exemplaren von Krupp gebaut und 1941 in Betrieb genommen.

Die 05.01 wurde dabei mit der Fabriknummer 2459 geliefert. Die offizielle Ausmusterung der 05.01 erfolgte im Jahr 1976. Im Dezember 2010 konnte mit der 05.01 wieder eine aktive Dampflok der Baureihe vorgestellt werden. Seither ist sie bei Sonderfahrten auch für Gäste aus ganz Europa ein gern gesehener Star.

TECHNISCHE DATEN

Hersteller/Umbau	Krupp
Lieferung/Indienststellung	1941
Spurweite	Normalspur
Bauart	2'C1' h3
Länge über Puffer	k.A.
Masse	100,7 t
Höchstgeschwindigkeit	120 km/h
Leistung	k.A.
Stückzahl	5

Eine Doppeltraktion aus den Museumsloks 05.01 und 01.23 bei Cherepish, Oktober 2013.

Baureihe 15 der BDŽ

142

15 215 in Momchilgrad (Bulgarien), Oktober 2005. Bild: M. Kißler/Archiv W.u.H. Brutzer

Bereits zu Beginn des Fertigungszeitraums erhielt die BDŽ leihweise fabrikneue Loks der Baureihe 52, die aber offiziell im Besitz der Reichsbahn verblieben. Sie wurden als Baureihe 15 eingereiht. Die meisten blieben nach dem deutschen Rückzug hier. Weitere Loks kamen nach 1956 dazu, unter anderem wurden in der DDR 20 Maschinen gekauft.

Die Lok 52 5915 wurde von der Berliner Maschinenbau AG, vormals Louis Schwartzkopff, im Jahr 1944 unter der Fabriknummer 12341 gebaut. Insgesamt waren in Bulgarien 275 Maschinen der Serie 15 im Einsatz, die von den verschiedensten Lokomotivfabriken stammten.

Mit der im Jahr 1982 außer Dienst gestellten 15.215 wurden nach deren Wiederinbetriebnahme einige Sonderzüge bespannt. Die Lokomotive war dem Depot Bojčinovci zugeordnet. Mittlerweile ist die Kesselfrist wieder abgelaufen und die 15.215 gehört derzeit nicht mehr zum betriebsfähigen Dampflokomotivbestand der BDŽ.

TECHNISCHE DATEN

Umbau	BMAG u.a.
Lieferung/Indienststellung	1942–1945
Spurweite	Normalspur
Bauart	1'E h2
Länge über Puffer	23,0 m
Masse	84,0 t
Höchstgeschwindigkeit	80 km/h
Leistung	1.192 kW
Stückzahl	275

143

Reihe 16 der BDŽ

Die 16.01 entspricht in ihrer Konstruktion der DRG-Baureihe 42. Sie wurde im Jahr 1949 von der Lokomotivfabrik Floridsdorf in Österreich hergestellt. Sie hatte diese erfolgreiche Baureihe auf „Vorrat" gebaut und suchte Anfang der 1950er-Jahre Abnehmer für die überschüssigen Maschinen. Daher boten sie der BDŽ ein Los der Dampfloks zum Kauf an, in dem Wissen, dass ein Großteil deren Dampflokbestandes bereits aus deutschen Einheitslokomotiven bestand. Die BDŽ erwarb dann 33 Loks, ein gutes Geschäft: Diese waren über 30 Jahre später noch alle in Betrieb. Ab 1990 wurden sie nach und nach ausgemustert, mehrere Maschinen wurden dabei nach Deutschland oder Österreich verkauft.

Wussten Sie schon?

Ab 1955 wurden die 16er mit einem als Kuhfänger ausgestattet. Dieser diente allerdings eher im Winter als Schneepflug.

Die 16.01 wurde im Jahr 1993 ausgemustert. Die Restaurierungsarbeiten wurden im Depot Gorna Orjachovica durchgeführt, dort ist die 16.01 auch stationiert.

TECHNISCHE DATEN

Hersteller	Floridsdorf
Lieferung/Indienststellung	1949
Spurweite	Normalspur
Bauart	1'E h2
Länge über Puffer	23,0 m
Masse	96,9 t
Höchstgeschwindigkeit	80 km/h
Leistung	1.323 kW
Stückzahl	33

Lok 16 01 bei Sredna Arda (Bulgarien) im Oktober 2005. Bild: M. Kißler/Archiv W.u.H. Brutzer

Reihe 46^{13-20} der BDŽ

Mitten im Zweiten Weltkrieg bestellte die Bulgarische Staatsbahn BDŽ in Deutschland acht schwere Tenderloks, die die bereis 1931 in Polen gebauten Maschinen ähnlicher Bauart ergänzen sollten. Sie erhielten in der Reihe 46 die Ordnungsnummern 13 bis 20. Das Triebwerk arbeitete auf drei Zylindern mit einstufiger Expansion. „Mutter Bär" nannten die bulgarischen Eisenbahner diese Lok, die zwar wegen ihrer Gewichtsverteilung auf so viele Achsen auch bei schlechterem Gleisunterbau einsatzfähig war, die aber aufgrund ihrer Länge sehr schwerfällig blieb. Amerikanische Konstrukteure lösten dieses Problem durch die Drehgestell-Bauweise. Allerdings war auch diese Technik nicht immer gegen Probleme gefeit. Die 46.13 ist heute noch als Museumslok erhalten.

Sechskuppler waren in Europa nicht oft anzutreffen. Bild: Sammlung Udo Paulitz

TECHNISCHE DATEN

Hersteller	Krupp, Schwartzkopff
Lieferung/Indienststellung	1943
Spurweite	Normalspur
Bauart	1'F3' h3t
Länge über Puffer	18,1 m
Masse	155,0 t
Treibraddurchmesser	1.340 mm
Höchstgeschwindigkeit	80 km/h
Stückzahl	8

Sie war die größte Tenderlokomotive Europas: Die Reihe 46, die aus deutschen Fabriken stammte. Bild: Kißler/Sammlung W.u.H. Brutzer

145

Reihe 600 der BDŽ

Die 1'E1'-Lokomotive wurde im Jahr 1929 mit der Fabriknummer 1929 von den Chrzanów-Werken gebaut. Die Serie 600, die Hochzahl bezeichnet die Spurweite, wurde in 15 Exemplaren von Schwartzkopff (601–605, Baujahr 1940) und Chrzanów (606–615, Baujahr 1949) gebaut. Die Lokomotiven waren der sächsischen Baureihe VII K nachempfunden. Stationiert ist die 609^{76} aktuell im kleinen Lokschuppen in Bansko. Die Lokomotive steht für Sonderfahrten auf der bekannten Rhodopenbahn zur Verfügung. Die Aufarbeitung der 1979 offiziell ausgemusterten Schmalspurlok erfolgte in den Werkstätten Sofia und Septemvri. Im November 2004 konnte damit mit der 609^{76} wieder eine 760-mm-Schmalspurdampflokomotive betriebsfähig präsentiert werden. Die Lokomotiven waren in der Lage bei 160 t über die Steigungen der Rhodopen zu befördern.

▶ Wussten Sie schon?
Nahe dem Scheitelpunkt gab es eine Drehscheibe, so dass die Maschinen immer „Rauchkammer voraus" Richtung Steigung liefen.

TECHNISCHE DATEN

Hersteller	BMAG/Fablok, Chrzanów
Lieferung/Indienststellung	1940, 1949
Spurweite	760 mm
Bauart	1'E1'h2t
Länge über Puffer	11,3 m
Masse	62,0 t
Treibraddurchmesser	850 mm
Höchstgeschwindigkeit	45 km/h
Stückzahl	5, 10

Schmalspurdampflok 609.76 der Rhodopenbahn in Cvetinho (Bulgarien), Oktober 2013.

Class YB der Myanmar Railways

146

Im Zweiten Weltkrieg wurden auch im damaligen Burma viele Strecken und Dampflokomotiven durch Bombenangriffe zerstört. So wurde von den Alliierten nach dem Krieg ein Neubauprogramm gestartet, in dessen Rahmen 1948 50 Loks der Baureihen YB und YC nach Burma geliefert wurden. Die Herstellung erfolgte bei Vulcan und Robert Stephen's & Hawthorns Co. Ltd. Die Loks der Baureihe YB waren von der US Vulcan Foundry gerade für den asiatischen Markt neu entwickelt worden. Eingesetzt wurden die YB hauptsächlich im Nebenbahnverkehr. Die Spurweite in Burma entspricht mit 1.000 mm eigentlich der Schmalspur, die Fahrgeschwindigkeiten und Zuggarnituren und -längen entsprechen jedoch, ähnlich denen im südlichen Afrika, eher der Normalspur. Allerdings waren im benachbarten Indien die Hauptstrecken in Breitspur ausgeführt, die 1.000-mm-Strecken sahen dort überwiegend untergeordnete Dienste, allerdings mit damals riesigen Streckennetzen. Daher wurden viele Loks parallel auch für Indien entwickelt und dort ebenfalls eingesetzt.

TECHNISCHE DATEN

Hersteller	Vulcan
Lieferung/Indienststellung	1947–1948
Spurweite	Meterspur
Achsfolge	2'C1'
Länge über Puffer	k.A.
Masse	k.A.
Höchstgeschwindigkeit	k.A.
Leistung	k.A.
Stückzahl	50

YB 508 mit einem kurzen Zug in Bago (Burma), Februar 2002. Bild: M. Kißler, Archiv W.u.H. Brutzer

147 Class YC der Myanmar Railways

Škoda in Pilsen lieferte 1930 zehn YC-Pazifiks nach Burma. Sie wurden für Expresszüge und schnelle Postzüge verwendet. Im Rahmen des Nachkriegsprogramm wurden weitere zehn Lokomotiven der Baureihe YC geliefert. Nachdem sie sich bis über die Jahrtausendwende im Betrieb halten konnten sind heute nur noch Einzelexemplare für Sonderzüge vorhanden.

TECHNISCHE DATEN

Hersteller	Vulcan, Škoda
Lieferung/Indienststellung	1931–1948
Spurweite	Meterspur
Achsfolge	2'C1'
Länge über Puffer	k.A.
Masse	k.A.
Höchstgeschwindigkeit	k.A.
Leistung	k.A.
Stückzahl	21

Lok YC 627: Pyuntaza in Myanmar. Bild: M. Kißler/ Archiv W.u.H. Brutzer

148 Class YD der Myanmar Railways

YB 508 mit einem kurzen Zug in Bago (Burma), Februar 2002. Bild: M. Kißler/ Archiv W.u.H. Brutzer

Die Güterzuglokomotive YD ist von den in den letzten Jahren noch eingesetzten Dampfloks die älteste Baureihe, zumindest was ihren Einsatz in Burma betrifft. Die schweizerische SLM lieferte 1928 nach Burma, damals noch unter britischer Verwaltung stehende Kolonie 19 Mikados der Klasse YD. 1930 konnte Henschel weitere 29 Lokomotiven dieser Baureihe verkaufen. Weitere Loks stammten von Nasmyth und Vulcan. Nach dem Zweiten Weltkrieg folgten 57 Mikados in einer „Kriegsloks"-Variante, darunter 20 von Vulcan.

TECHNISCHE DATEN

Hersteller	SLM, Vulcan u.a.
Lieferung/Indienststellung	1928–1949
Spurweite	Meterspur
Achsfolge	1'D1'
Länge über Puffer	k.A.
Masse	k.A.
Höchstgeschwindigkeit	k.A.
Leistung	k.A.
Stückzahl	80

Baureihe QJ

Eine QJ überquert die Brücke bei Yebaishou im Nordosten Chinas, Februar 1996.

Die QJ-Klasse war die letzte Dampflokbaureihe, die je in Serienproduktion gehen sollte. Sie basierte auf der russischen Lv-Klasse mit der Achsanordnung 1'E1', wobei einige Veränderungen vorgenommen wurden, insbesondere am Kessel. Im Zeitraum von 1956 bis 1988 wurden 4.700 Exemplare hergestellt, was die QJ zu einer der meistgebauten Dampfloks der Welt macht. Eingesetzt wurden sie vorwiegend im schweren Güterzugdienst, den sie in ganz China auf dem Hauptnetz der China Railways und der Jiton Railway verrichteten. Erst im Jahre 2003 wurde bei China Railways die letzte QJ ausgemustert, bei der Jiton Railway zwei Jahre später. Drei Lokomotiven gelangten in die Vereinigten Staaten.

TECHNISCHE DATEN

Hersteller	Datong
Lieferung/Indienststellung	1956–1988
Spurweite	Normalspur
Achsfolge	1'E1'
Länge über Puffer	29 m
Masse	123,4 t
Treibraddurchmesser	1.497 mm
Höchstgeschwindigkeit	100 km/h
Leistung	2.670 kW
Stückzahl	4.700

150

Baureihe SY

Beim Bau eigener Dampfloks orientierte sich China an den erfolgreichen Schienenfahrzeugen aus anderen Ländern. Vorlage für die Baureihe SY war die japanische JF6, die wiederum auf dem Loktyp der klassischen amerikanischen Mikado basierte, den die American Locomotive Company in den 1920ern nach Japan geliefert hatte.

Die SY wurden bereits von Anfang an überwiegend für den leichten Rangier- und Güterzugdienst gebaut. Auf den Staatsbahnstrecken waren sie zahlenmäßig stets den stärkeren und etwas einfacher zu handhabenden QJ unterlegen, aber bei den Einsätzen auf Minenbahnen und im Rangierdienst hatten sie offenbar ihre Stärken. Einige SY sind auch heute noch in China in Minen und als Reserveloks vorhanden und werden auch teilweise noch regelmäßig eingesetzt, vor allem bei Kohlentagebau-Betrieben, wo die Kohle nichts kostet. Aber dennoch ist das Ende ihrer Tage gezählt, in wenigen Jahren wird es voraussichtlich auch dort keine Dampflokeinsätze mehr geben.

TECHNISCHE DATEN

Hersteller/Umbau	Tangshan
Lieferung/Indienststellung	1960–1999
Spurweite	Normalspur, tw. 1.520 mm
Achsfolge	1'D1'
Länge über Puffer	21,6 m
Treibraddurchmesser	1.370 mm
Masse	128,8 t
Höchstgeschwindigkeit	80 km/h
Stückzahl	1.820

SY 1422 rangiert in Shuangtashan am 18. Oktober 1999. Bild: W. und H. Brutzer

Reihe P (II)

Die Reihe P (II) der dänischen Staatseisenbahnen wurde von den deutschen Firmen Hanomag und Schwartzkopff 1907 bis 1910 gebaut. In Hannover wurden dabei 19 und in Berlin 14 Fahrzeuge gefertigt. Mit ihrer eleganten und klaren Linienführung kann sie mit einiger Berechtigung als die wohl schönste Lokomotive bezeichnet werden, die je in Dänemark ihren Dienst verrichtete. Insgesamt wurden 33 Exemplare dieser Lokomotiven geliefert. Die Lok 917 ist in dem Dänischen Eisenbahnmuseum erhalten.

Beginnend 1943 wurden bis 1954 insgesamt sieben Loks umgebaut. Sie wurden unter anderem mit einer dritten Treibachse versehen, um die Zugkraft zu erhöhen. Offenkundig hat sich der Umbau jedoch nicht bewährt. Die ursprünglichen Maschinen überlebten ihre „Nachfolger" weitgehend: Während diese bereits bis 1964 schon wieder aus dem Verkehr genommen wurden, liefen die Originale bis 1972.

TECHNISCHE DATEN

Hersteller	Hanomag, Schwartzkopff
Lieferung/Indienststellung	1907–1910
Spurweite	Normalspur
Achsfolge	2'B1'
Länge über Puffer	18,5 m
Masse	119,0 t
Treibraddurchmesser	1.908 mm
Höchstgeschwindigkeit	100 km/h
Stückzahl	33

Die Schönheit aus Hannover in dänischen Diensten. Bild: Sammlung Udo Paulitz

Die französische Firma Kuhlmann setzte für ihre Werksbahn dieses „Tintenfass" ein. Bilder: Slg. Udo Paulitz

152 Kleinlokomotiven „Tintenfass"

Gruben und Industriebetriebe setzten diese ab 1906 gebaute Kleinlok mit Stehkessel für Rangieraufgaben ein. Hersteller war die Société Française de Constructions Mécaniques (vormals Cail). Die Maschine wurde als äußerst kleine aber doch zähe Lok konstruiert, damit sie auch bei den kleinsten Werkbahnen noch einsatzfähig war. Aus diesem Grund war auch der Kessel aufrecht gestellt worden. Die Dienstmasse dieser Loks lag bei 18 Tonnen. Das ermöglichte ihr, auch leichte Gleise zu befahren, wie sie zum Beispiel bei Grubengleisen oft zu finden waren. Mit einer Höchstgeschwindigkeit von gerade mal 20 km/h war sie das schnellste Tintenfass der Welt.

▶ Wussten Sie schon?

„Bouteille à encre", zu deutsch „Tintenfass" wurde diese Lok wegen ihres aufrecht stehenden Kessels genannt.

Schmucke Kleinlok für Bergbau und Industrie.

TECHNISCHE DATEN

Hersteller	SFCM
Lieferung/Indienststellung	1906
Spurweite	Schmalspur
Achsfolge	B
Länge über Puffer	4,4 m
Masse	18,0 t
Treibraddurchmesser	610 mm
Höchstgeschwindigkeit	20 km/h
Stückzahl	k.A.

030 der Midi

Serie 030 in Frankreich. Bild: Sammlung Udo Paulitz

TECHNISCHE DATEN

Hersteller	k.A.
Lieferung/Indienststellung	1867–1889
Spurweite	Normalspur
Achsfolge	C
Länge über Puffer	8,5 m
Masse	35,0 t
Treibraddurchmesser	1.310/1.610 mm
Höchstgeschwindigkeit	75 km/h
Leistung	480 kW

Wenn man eine französische Lokomotive als „Universallokomotive“ bezeichnen konnte, dann am ehesten die Serie 030 der Midi: Diese Dampflok wurde für Eil- und Bummelzüge, Personen- und gemischte Güterzüge aber auch für Nahverkehrszüge eingesetzt. Eine Besonderheit dieser Lok war, dass sie von Anfang an mit zwei verschieden großen Treibrädern erhältlich war (1.310 und 1.610 mm), um je nach Einsatzgebiet eine optimale Zugleistung oder eine optimale Höchstgeschwindigkeit zu erreichen. Zudem besaß sie eine Achslast von gerade einmal 12 t, wodurch ihr Einsatzgebiet sehr breit gefächert war.

▶ Wussten Sie schon?

Die Lokomotive hatte eine sehr lange Produktionszeit von 22 Jahren. 1933 waren noch 230 Loks der 030 im Einsatz!

Der Einfluss der englischen Lokomotivbauschule ist an der Innensteuerung deutlich zu erkennen. Bild: Sammlung Udo Paulitz

Diese Baureihe verband die Städte im Osten Frankreichs mit Paris.

154 Baureihe 241 A der SNCF

Für den schweren Personenverkehr brauchte die Compagnie de l'Est (Est) – das war die französische Ostbahn – eine leistungsfähige neue Lok. Statt der damals in Europa verbreiteten Pacific konstruierte Ingenieur Mestre eine Dampflokomotive mit der Achsfolge 2'D1', die in den USA als „Mountain" bekannt wurde. Nach dem französischen Achsformel-System war das eine 241. Deshalb der Name. Sie war die leistungsfähigste und stärkste Dampflokomotive ihrer Zeit. Auf die Schiene kam die 241 A erst nach einer sechs Jahre währenden Test- und Verbesserungsphase. Sie machte optisch einen hervorragenden Eindruck, war auch sehr zuverlässig, doch die hohen Geschwindigkeiten, die beabsichtigt waren, erreichte sie nicht. Mitte der 1930er-Jahre wurde sie deshalb umgebaut, worauf sich die Leistung auf 2.720 kW erhöhte. 1965 wurde die letzte Lok dieses Typs ausgemustert. Eine 241 A ist heute in der Schweiz beheimatet und gilt als größte betriebsfähige Dampflok Europas.

▶ **Wussten Sie schon?**

Bis zur Gründung der staatlichen Eisenbahngesellschaft SNCF 1938 hatte Frankreich sechs größere Gesellschaften.

TECHNISCHE DATEN

Hersteller	Fives Lille
Lieferung/Indienststellung	1925-1934
Spurweite	Normalspur
Achsfolge	2'D1'h4v
Länge über Puffer	26,0 m
Masse	123,0 t
Höchstgeschwindigkeit	120 km/h
Leistung	2.425 kW/2.720 kW
Stückzahl	90

155 Baureihe 230-800 der SNCF

Von den 20 Loks der Reihe 230 der französischen Eisenbahngesellschaft Chemin de Fer de l'Etat wurde ein Exemplar auf Veranlassung der SACM umgebaut. Dies geschah aus Kostengründen, da die Nutzungsdauer der vorhandenen Fahrzeuge möglichst kostengünstig verlängert werden sollte. Nach dem Umbau war die Maschine sogar schneller als der berühmte Bugatti-Triebwagen. In den 1950ern wurde die Lok schließlich ausgemustert und leider verschrottet.

TECHNISCHE DATEN

Hersteller	Belfort, Umbau SACM
Lieferung/Indienststellung	1912
Spurweite	Normalspur
Achsfolge	2'C
Masse	52,0 t
Treibraddurchmesser	2.050 mm
Höchstgeschwindigkeit	150 km/h
Leistung	865 kW
Stückzahl	1

Wie ein großes Insekt wirkt die 230-800 der Etat. Bild: Sammlung Udo Paulitz

156 Baureihe 221 A der SNCF

Paris–Lyon in fünf Stunden: 221 A. Bild: Slg. Paulitz

Damit eilige Geschäftsleute in nur einem Tag zwischen Paris und Lyon pendeln konnten, beschloss die PLM Mitte der 1930er-Jahre, eine Lok der Serie 2900 aufzurüsten. Die neue gestromte Lok trug die Bezeichnung 221 A und erreichte 140 km/h. Auf einer Fahrt wurden als Höchstgeschwindigkeit sogar 156 km/h gemessen, was für die damalige Zeit besonders schnell war. Die 512 km lange Strecke Paris–Lyon legte der Zug in nur fünf Stunden zurück.

TECHNISCHE DATEN

Hersteller	PLM
Lieferung/Indienststellung	1935
Spurweite	Normalspur
Bauart	2'B1 h4v
Länge über Puffer	21,0 m
Masse	75,8 t
Höchstgeschwindigkeit	156 km/h
Leistung	1.250 kW
Stückzahl	1

157 Baureihe 231 der PLM

231 E 41 in Tours St. Pierre am 8. Juni 1981. Bild: Nadeau/Archiv W.u.H. Brutzer

Zwischen 1909 und 1932 orderte die „Compagnie des chemins de fer de Paris à Lyon et à la Méditerranée" (=PLM) insgesamt 462 Stück. Hauptsächliches Einsatzgebiet waren die Strecken von Paris an die Mittelmeerküste. Unter anderem zogen sie den legendären „Train bleu" von Paris nach Südfrankreich. Sie galten allgemein als die schönsten Lokomotiven Frankreichs.

Die Loks hatten die Achsfolge 2'C1' der klassischen „Pacific"-Schnellzugloks. In mehreren Generationen wurde die Baureihe stetig weiterentwickelt. Ein Exemplar der Unterbaureihe 231 C erhielt versuchsweise eine Stromlinienverkleidung.

Dieses Einzelstück der Reihe 231 C gehörte wohl mit zu den schönsten Stromlinienloks in Frankreich. Bild: Sammlung Udo Paulitz

TECHNISCHE DATEN

Hersteller	PLM
Lieferung/Indienststellung	1909–1932
Spurweite	Normalspur
Achsfolge	2'C1'
Länge über Puffer	20,0 m
Masse	145,5 t
Höchstgeschwindigkeit	130 km/h
Leistung	1.500 kW
Stückzahl	462

Baureihe 141 R der SNCF

158

141 R 420 mit einem Personenzug in Mauriac (Frankreich), Juli 1985. Bild: P. Cvikevic/Archiv W.u.H. Brutzer

Am Ende des Zweiten Weltkriegs herrschte ein akuter Mangel an Dampflokomotiven in Frankreich. Daher wurden die Hersteller Baldwin, American Locomotive Company und Lima aus den USA, sowie die Montreal Locomotive Works und die Canadian Locomotive Company aus Kanada beauftragt, eine neue Dampflokomotive mit der Bezeichnung 141 R zu produzieren. Von diesem Modell, dessen Bauart „Mikado" genannt wurde, entstanden zwischen 1945 und 1947 insgesamt 1.340 Exemplare. Davon endeten allerdings 17 Lokomotiven auf dem Grund des Nordatlantiks, da der norwegische Frachter „Belpamela", der sie beförderte, in Seenot geriet und sank. Die Lokführer schätzen diese Baureihe sehr. Erst 1975 wurde sie ausgemustert.

▶ Wussten Sie schon?
Museal erhalten: Hin und wieder begeben sich die Lokomotiven der Reihe 141R auf Sonderfahrten ins Elsass.

TECHNISCHE DATEN

Hersteller	American Locomotive u.a.
Lieferung/Indienststellung	1945–1947
Spurweite	Normalspur
Bauart	1'D1' h2
Länge über Puffer	24,0 m
Masse	115,0 t
Höchstgeschwindigkeit	100 km/h
Leistung	2.154 kW
Stückzahl	1.340

159

242.A.1 der SNCF

Der Ingenieur André Chapelon wird von vielen als der beste Lokomotivkonstrukteur der Welt angesehen. Doch die mächtigen Leute in der französischen SNCF, die 1938 die verschiedenen französischen Privatbahnen vereinigte, sahen in Elektro- und Dieselloks die Zukunft der Eisenbahn. Chapelons Meisterwerk war der Umbau der Mountain-Lok 241 101, die man wegen ihrer schlechten Laufeigenschaften bereits aufgegeben hatte. Diese Lok baute er zu einer Niagara um und machte sie zur leistungsstärksten französischen Dampflok überhaupt. Er verstärkte den Lokrahmen und spendierte der Maschine eine zusätzliche Laufachse. Die Dreizylinder-Verbundbauart de Glehn wurde dadurch so geändert, dass innen nur noch ein Hochdruck-Innenzylinder lag, außen die beiden Niederdruckzylinder. Die Laufeigenschaften verbesserte Chapelon durch eine Rollen-Rückstellvorrichtung für das vordere Drehgestell und selbststellende Achslagerkeile. Das Leistungsvermögen dieser Maschine war beeindruckend und übertraf sogar das der zeitgenössischen Elektroloks. Doch sie bekam nie eine Chance, alles zu zeigen was sie konnte. 1960 zog man sie aus dem ohnehin untergeordneten Verkehr und verschrottete sie.

Wussten Sie schon?
Die 242 A 1 war nur 66.500 km im betrieblichen Dienst gefahren. Bei der SNCF setzte man lieber auf Elektroloks.

TECHNISCHE DATEN

Umbau	André Chapelon
Lieferung/Indienststellung	1946
Spurweite	Normalspur
Bauart	2'D2' h3v
Länge über Puffer	27,0 m
Masse	148,0 t
Höchstgeschwindigkeit	151 km/h
Leistung	3.900 kW
Stückzahl	1

Die 242. A.1 war kein Neubau, sondern ein Umbau aus der 241 der Etat. Bild: Sammlung Udo Paulitz

Baureihe 231 E der SNCF

160

32 Stück der Reihe 231 E wurden gebaut. Bild: Sammlung Udo Paulitz

Von den seit 1912 gebauten Dampflokomotiven der Serie 3500, die später von den Französischen Staatsbahnen SNCF übernommen und in die Serie 231 E eingereiht wurden, hatte die Paris-Orléans-Bahn 90 Exemplare bestellt. 32 von ihnen waren vom legendären Eisenbahningenieur André Chapelon umkonstruiert worden, der auch den Dampfprozess bei Lokomotiven durch seine innovativen Ideen entscheidend verbessern konnte. Die umgebauten Pacific-Lokomotiven wurden als Baureihe 3700 bezeichnet und gehörten zu ihrer Zeit zu den berühmtesten Lokomotiven der Welt. Unter anderem zogen sie auch in den Jahren 1934 bis 1968 den luxuriösen „Flèche d'Or" zwischen Calais und Paris. In der Regel fuhren sie bis 120 km/h schnell, in den 1950er-Jahren erreichten sie bis zu 180 km/h. Erst in den 1970ern wurden sie ausgemustert.

▶ Wussten Sie schon?

Noch im hohen Alter beriet André Chapelon die SNCF bei technischen Problemen bei der Entwicklung des TGV.

TECHNISCHE DATEN

Umbau	André Chapelon
Lieferung/Indienststellung	1934
Spurweite	Normalspur
Bauart	2'C1' h4v
Länge über Puffer	13,7 m
Masse	102,0 t
Höchstgeschwindigkeit	180 km/h
Leistung	2.720 kW
Stückzahl	32

Ffestiniog Railway (Wales): Die Fairlie Doppellok „David Lloyd George" während des „Vintage Weekend" am 15. Oktober 2005. Bild: Ted Talbot (Archiv Fern-Express)

161 Ffestiniog Fairlie

Die Bauart beschreibt das Prinzip, faktisch zwei Lokomotiven auf einen Rahmen mit zwei angetriebenen Drehgestellen zu bauen. Das in der Mitte liegende Führerhaus bildet dabei den Übergang. Von der Bauart „Garratt" unterscheidet sich die Konstruktion dadurch, dass auch zwei Kessel vorhanden sind. Der Vorteil ist erkennbar: Die Lok fährt in jede Richtung „vorwärts". Die schmalspurige Ffestiniog Railway stand in den 1860ern vor der Frage, wie sie das stark angestiegene Verkehrsaufkommen bewältigen könnte. Als kostengünstige Alternative bot sich eine Fairlie-Lok an, mit der man die Zuglängen deutlich vergrößern konnte. Fairlie-Lokomotiven in verschiedenen Achsfolgen und Länge- wie Leistungsklassen wurden auch nach Mexiko, Burma und Russland geliefert. 1979 und 1992 wurden für britische Museumsbahnen auf dem aktuellen Stand der Technik, aber äußerlich angepasst, zwei Loks nachgebaut.

TECHNISCHE DATEN

Hersteller	George England
Lieferung/Indienststellung	ab 1869
Spurweite	600 mm
Bauart	B'B'
Länge über Puffer	9,2 m
Masse	40,0 t
Höchstgeschwindigkeit	40 km/h
Leistung	85 kW
Stückzahl	5 + 2

Nr. 6202 (LMS)

Sir William Stanier testete an dieser umgebauten Lok der Princess Class die Turbinentechnik für den Lokomotivbau. Bild: Sammlung Udo Paulitz

Nachdem der schwedische Ingenieur Frederic Ljungström 1921 mit einer Kondensationsturbinenlokomotive experimentiert hatte, entschloss sich 1933 auch der Brite Sir William Stanier, eine Princess-Class-Lokomotive mit einer Auspuffturbine der Bauart Vickers auszurüsten. Die Vorwärtsturbine war etwa an der Stelle angebracht, wo sich normalerweise der linke Dampfzylinder befand. Zusätzlich war auch eine Rückwärtsturbine eingesetzt, um den zusätzlichen Einbau eines Wendegetriebes zu umgehen. Nach erfolgreichen Probefahrten zog die „Turbomotive“ ab 1935 den „Liverpool Flyer“-Zug, der jahrelang der schnellste Zug der LMS war. Bei Ausbruch des Zweiten Weltkriegs wurde sie abgestellt, da die Wartung in solchen Zeiten zu anspruchsvoll war.

Wussten Sie schon?

Aufgrund der vielen Störfälle nach dem Krieg wurde die „Turbomotive“ wieder auf Kolbenantrieb umgebaut.

TECHNISCHE DATEN

Hersteller	Beyer, Peacock & Co.
Lieferung/Indienststellung	1935
Spurweite	Normalspur
Bauart	2'C1'
Länge über Puffer	22,6 m
Masse	166,6 t
Höchstgeschwindigkeit	160 km/h
Leistung	1.470 kW
Stückzahl	1

Dieses schöne Foto entstand im Bahnhof York, 49 Jahre nach der Rekordfahrt. Im Eisenbahn-Museum dieser Stadt ist sie ausgestellt. Bild: R. Bastin

163 Class A 4 (LNER 4468 „Mallard")

Die von Sir Nigel Gresley entworfene A 4 war eine auf der A 3 basierende einrahmige Schnellzugdampflok, welche jedoch gegenüber der A 3 bauliche Veränderungen erfuhr: Sie wurde stromlinienförmig verkleidet, hatte einen höheren Kesseldruck und eine Verbrennungskammer. Vor allem aber konnte durch eine Kylchap-Saugzuganlage mit Doppelschornstein die Leistung von 1.650 kW auf mehr als 1.985 kW gesteigert werden. Mit dieser Ausstattung stellte die Lok „Mallard" (auf deutsch: „Stockente") mit der Nummer 4468 den bis heute gültigen offiziellen Weltrekord für Dampflokomotiven auf. Sie hatte 1938 den bisherigen Rekord der deutschen 05 002 knapp überboten.

Wussten Sie schon?

Am 3. Juli 1938 erreichte die „Mallard" eine Geschwindigkeit von 201,2 km/h. Dieser Weltrekord steht noch heute.

TECHNISCHE DATEN

Hersteller	Doncaster Railway
Lieferung/Indienststellung	1935–1938
Spurweite	Normalspur
Bauart	2'C1' h3
Länge über Puffer	21,6 m
Masse	104,6 t
Höchstgeschwindigkeit	201,2 km/h
Leistung	1.986 kW
Stückzahl	35 (alle A 4)

Der Lokschuppen in Bridgnorth beherbergt zahlreiche bekannte Lokomotiven, wie etwa die Gresley-A4 „Union of South Africa" 60009 (England). März 1997.

164

Class A 4

Die Baureihe Gresley A4 wurde in den 1930er Jahren von der Lokfabrik London and North Eastern Railway (LNER) gebaut. Sechs Lokomotiven haben bis heute überlebt, eine davon ist die „Union of South Africa" mit der Nr. 4488. Sie ist betriebsfähig und hat eine Zulassung, auch auf den Hauptstrecken eingesetzt zu werden. Alle 35 Lokomotiven der Baureihe waren stromlinienverkleidet. Wie bei allen Gresley A4 Pazifik-Dampflokomotiven, wurde auch die „Union of South Africa" mit zierlichen Windleitblechen ausgerüstet, als sie gebaut wurde. Da diese die Wartung behinderten wurden sie nach und nach abgebaut, so auch bei der 4488 bei einer Überholung 1942. Die Nummerierung der Lok ist etwas verwirrend, die Lok war die 15. Maschine der Serie, dennoch wurde sie mit Nr. 9 eingestellt. Daraus wurde die zeitweise auch angeschriebene Loknummer „60009".

TECHNISCHE DATEN	
Hersteller	LNER
Lieferung/Indienststellung	1937
Spurweite	Normalspur
Bauart	2'C1' h3
Länge über Puffer	k.A.
Treibraddurchmesser	2.032 mm
Höchstgeschwindigkeit	k.A.
Leistung	1.650 kW
Stückzahl	35

165

„Locomotion“

Die „Locomotion“ ist nach der „Puffing Billy“ die älteste erhaltene Lok der Welt. Bild: Stanely/Shutterstock

Obwohl die legendäre „Rocket“ die bekannteste Lokomotive war, die Stephenson gebaut hatte, so war sie doch nicht die Erste gewesen. Stephenson hatte bereits 1825 seine erste Dampflok mit dem Namen „Locomotion“ gebaut. Diese etwas ungeschlachte Lok war aber den alten Konstruktionsprinzipien verhaftet und stellte deshalb noch keine besondere Innovation dar.

TECHNISCHE DATEN

Hersteller	George Stephenson
Lieferung/Indienststellung	1825
Spurweite	Breitspur (2.100 mm)
Achsfolge	B
Länge über Puffer	k.A.
Masse	6,5 t
Höchstgeschwindigkeit	6 km/h
Leistung	36 kW
Stückzahl	1

166

„Northumbrian“

Die „Northumbrian“ war das deutlich weiterentwickelte Nachfolgermodell der „Rocket“ und bediente den regulären Verkehr auf der Strecke Liverpool–Manchester. Neuerungen waren vor allem die Rauchkammer und die fast horizontal gelagerten Zylinder. Als erste Dampflok bekam sie auch einen eigenen Schlepptender, der speziell für diesen Zweck konstruiert war. Bedauerlicherweise überfuhr die Lok bei der Eröffnungsfahrt den Ehrengast der Liverpool and Manchester Railway, William Huskisson.

Die „Northumbrian“. Bild: Sammlung Udo Paulitz

TECHNISCHE DATEN

Hersteller	George Stephenson
Lieferung/Indienststellung	1830
Spurweite	Normalspur
Achsfolge	A1
Länge über Puffer	7,3 m
Masse	7,3 t
Höchstgeschwindigkeit	40 km/h
Leistung	35 kW
Stückzahl	1

167

„Puffing Billy“

Um die Vorteile des sogenannten Adhäsionsbetriebs (Rollreibung) unter Beweis zu stellen, baute William Hedley die als „Puffing Billy“ bekannte Dampflokomotive. Sie war die erste Lok, die ohne Zahnstangen, Zahnräder oder ähnliche Hilfsmittel auskam. Damit hatte Hedley bewiesen, dass eine Lok größere Zuggewichte ziehen kann als ihre Achslast beträgt, ohne „durchzudrehen“. Viele dampfbetriebene Schienenfahrzeuge wurden um 1810 für die vielen Grubenbahnen gebaut. Zu ihnen gehörten neben der „Puffing Billy“ auch Loks von Stephenson.

TECHNISCHE DATEN

Hersteller	Hedley, Forster, Hackworth
Lieferung/Indienststellung	1813
Spurweite	1.524 m
Achsfolge	B
Länge über Puffer	k.A.
Masse	7,0 t
Höchstgeschwindigkeit	12 km/h
Leistung	k.A.
Stückzahl	1

Älteste erhaltene Lok der Welt. Bild: Slg. Udo Paulitz

168

„Rocket“

Kaum eine andere Lokomotive aus den Anfängen des Lokomotivbaus ist so bekannt wie die „Rocket“ von Robert Stephenson. Sie war die einzige Maschine, die 1829 beim Lokomotivrennen von Rainhill allen gestellten Anforderungen genügte. Der mit Röhren bestückte Kessel – eine Erfindung von Senguin – bedeutete einen Meilenstein in der Geschichte des britischen Lokomotivbaus. Die „Rocket“ steht heute im Science Museum von London.

Siegerlok „Rocket“ im modernen Nachbau. Bild: Sammlung Udo Paulitz

TECHNISCHE DATEN

Hersteller	George Stephenson
Lieferung/Indienststellung	1829
Spurweite	Normalspur
Achsfolge	A1
Länge über Puffer	3.850 mm
Masse	4,32 t
Treibraddurchmesser	1.422 mm
Höchstgeschwindigkeit	50 km/h
Leistung	36,7 kW
Stückzahl	1

169

„Steam Elephant"

Der „Steam Elephant" des Beamish Open Air Museum. Bild: Ted Talbot (Archiv Fern-Express)

Einer der interessantesten Nachbauten einer historischen Dampflok ist der „Steam Elephant". Das Vorbild wurde 1815 für die Wallsend Colliery von William Chapman und John Buddle gebaut. Die Originallok war längst verschrottet. Auf Grundlage eines Gemäldes erstellten Ingenieure die Konstruktionszeichnungen. Es entstand eine mächtige Lok mit der Achsfolge C, einem Zahnradantrieb auf die äußeren Achsen und einem hohen Schornstein. Die Replika befindet sich mit mehreren anderen im sehenswerten Museum in Beamish im County Durham.

TECHNISCHE DATEN

Hersteller	George Stephenson
Nachbau	Beamish Museum
Lieferung/Indienststellung	1815 / 1998
Spurweite	Normalspur
Achsfolge	C
Länge über Puffer	k.A
Gewicht	7,5 t
Höchstgeschwindigkeit	k.A.
Stückzahl	1

170

4-4 (Metropolitan)

Die unterirdisch fahrende Dampflok wurde in London Mitte des 19. Jahrhunderts tatsächlich in die Tat umgesetzt. Die „erste U-Bahn der Welt" sollte der weiteren Überfüllung der Straßen entgegenwirken. Große Abzugsschächte im Untergrund und rauchbindende Kondensatoren bei der Lok sollten die Passagiere vor Schmutz- und Rauchbelästigung schützen. Nach der Elektrifizierung wurden sie in „normale" Loks umgebaut.

Da das kondensierte Wasser erst nach Tunnelaustritt ausgestoßen wurde, erinnerten die Fahrzeuge an blasende Wale. Bild: Sammlung Udo Paulitz

TECHNISCHE DATEN

Hersteller	Metropolitan Railways
Lieferung/Indienststellung	1864–1885
Spurweite	Normalspur
Bauart	2'B n2t
Länge über Puffer	k.A.
Masse	42,0 t
Treibraddurchmesser	k.A.
Höchstgeschwindigkeit	80 km/h
Leistung	k.A.
Stückzahl	148

City Class („City of Truro“) 171

Anfang des 20. Jahrhunderts lieferten sich die Great Western Railway und South Western Railway ein Geschwindigkeitsduell. Auf einer Goldtransportfahrt

Die elegante „City of Truro“. Bild: Tony Hisgett/(1)

erreichte die Schnelldampflok City of Truro der GWR im Mai 1905 164,6 km/h auf der Strecke Plymouth–London. Die City-Baureihe wurde mit doppeltem Rahmen, auf dem Umlauf montierten Federn und innenliegenden Zylindern gebaut.

TECHNISCHE DATEN

Hersteller	Swindon Works
Lieferung/Indienststellung	1903
Spurweite	Normalspur
Bauart	2'B n2
Länge über Puffer	17,1 m
Masse	94,0 t
Höchstgeschwindigkeit	164 km/h
Leistung	1.050 kW
Stückzahl	1

Duchess Class 172

Bei der 1937 gebauten Duchess Class handelt es sich mit um die leistungsfähigsten Dampflokomotiven, die je in England liefen. Sie hatten eine Leistung von 2.450 kW und einen Treibraddurchmesser von 2.057 mm. Auf einer abenteuerlichen Probefahrt erreichte die Lok 183,5 km/h, allerdings erst nach einer sehr langen Beschleunigungsphase. In den letzten Vorkriegsjahren wurden einige Maschinen mit einer Stromlinienverkleidung versehen und als „Princess Coronation Class“ bezeichnet, wobei die Leistungsfähigkeit jedoch gleich blieb. Drei Duchess-Class-Loks sind erhalten geblieben: Duchess of Hamilton, Duchess of Sutherland und City of Birmingham, wobei letztere im ThinkTank-Museum in Birmingham besichtigt werden kann.

Mit Windleitblechen in Crewe. Bild: Phil Scott

TECHNISCHE DATEN

Hersteller	Stanier, Crewe Works
Lieferung/Indienststellung	1937–1948
Spurweite	Normalspur
Bauart	2'C1' h4v
Länge über Puffer	22,5 m
Masse	108,0 t
Höchstgeschwindigkeit	183,5 km/h
Leistung	2.450 kW
Stückzahl	38

173 Class WP der IR

Kraftvolle Auspuffschläge begleiten Lok 7687. Saharanpur (Indien), Ende Oktober 1993. Typisch ist die runde Rauchkammer mit Stern. Bild: W.u.H. Brutzer

Die indische WP ist vermutlich von ihrem Erscheinungsbild her die bekannteste Breitspur-Lokomotive der Welt: die große, nach vorne gerundete Rauchkammertür mit silbernem Stern, die Boxpokräder, die reichen Verzierungen prägen sich ein. Die ersten 16 Loks wurden in den USA bei Baldwin gebaut, die Hauptserie lieferte neben Baldwin (100 Stück) auch die kanadischen MLW (120) und Canadian Locomotive Company (CLC, 80). Eine weitere Lieferung kam außerdem von der CLC (weitere 120) von Chrzanów (Polen, 30) und Floridsdorf (Österreich, 20). Zwischen 1963 und 1966 wurden weitere 259 Loks in Indien bei Chittaranjan Locomotive Works (CLW) gebaut. Die WP war die Paradelok Indiens vor dem Traktionswechsel auf Diesel- oder Elektroloks. Zahlreiche namhafte Expresszüge wie etwa der Taj Express wurden selbst noch in den 1980ern von auf Hochglanz polierten WP gezogen. Manche Loks blieben bis Anfang der 1990er im Einsatz.

▶ Wussten Sie schon?

Die Baureihe wurde gezielt für die energiearme indische Kohle konstruiert.

TECHNISCHE DATEN

Hersteller	Baldwin, CLW u.a.
Lieferung/Indienststellung	1947–1967
Spurweite	1.676 mm
Bauart	2'C1' h2
Länge über Puffer	23,6 m
Masse	176,2 t
Höchstgeschwindigkeit	110 km/h
Leistung	1.998 kW
Stückzahl	755

Loks der Darjeelingbahn

Ein Zug der Darjeelingbahn mit dem Himalaya im Hintergrund. Bild: W.u.H. Brutzer

Das sogenannte „Hill Resort" (Sommer-Regierungssitz in den Bergen) von Kalkutta war Darjeeling in den Ausläufern des Himalaya. Um problemlos und vergleichsweise schnell dorthin zu gelangen wurde von den Briten vom nahegelegenen Bahnhof Siliguri 1880 eine 88 Kilometer lange Schmalspurstrecke in die Berge gebaut. Fast von Anfang an wurde die Bahn mit den kleinen kräftigen B-Kupplern bedient, die auf der gesamten Strecke fast einen ganzen Tag unterwegs sind.

Die Loks wurden von verschiedenen ausländischen Herstellern gebaut, die drei letzten setzte man in Darjeeling selbst zusammen. Die bekannte blaue Lackierung wurde erst 1958 eingeführt, zunächst waren die Loks grün, später rot. Erdrutsche und Erdbeben unterbrachen etliche Male die Strecke, darunter waren einige Störungen, die eine dauerhafte Einstellung befürchten ließen.

Auch heute noch verkehren die Züge, allerdings immer seltener mit Dampfloks. Der Bestand des „Weltkultur-Erbes" scheint jedoch trotz der widrigen Umstände gesichert, allein schon wegen der zahlreichen Touristen.

TECHNISCHE DATEN

Hersteller	Sharp, Stewart & Co, NB, Baldwin, DHR
Lieferung/Indienststellung	1889–1925
Spurweite	610 mm
Bauart	B n2t
Masse	14,0 t
Treibraddurchmesser	660 mm
Leistung	k.A.
Stückzahl	34

175 Loks der Nilgiribahn

Ein weiteres „Hill Resort" ist Coimbatore zugeordnet. Vom Breitspurbahnhof Mettupalayam verkehrt eine überwiegend mit Zahnstangen ausgestattete Strecke bis Coonoor und von dort – ohne Zahnstangen – weiter bis Udhagamandalam. Wie in Darjeeling suchte man auch hierfür eine passende Bauart und fand sie in einer Tenderlok-Konstruktion von SLM. Anscheinend keine schlechte Wahl, sind die Maschinen doch teilweise seit fast 100 Jahren im Einsatz. Zwar wurden 1952 von SLM (fünf Loks) und nochmals vor wenigen Jahren in Indien (vier Loks) Maschinen ohne wesentliche Änderungen nachgebaut, es gibt aber auch noch „Oldies" im Einsatz.

Wussten Sie schon?

Gesteuert werden die bergfahrende Züge auf der Zahnradstrecke von der Plattform des vorderen Waggons, die Loks schieben …

TECHNISCHE DATEN

Hersteller	SLM Winterthur
Lieferung/Indienststellung	1914–1925; 1952; 2011–2014
Spurweite	Meterspur
Bauart	D1' n2t
Masse	28,5 t
Treibraddurchmesser	815 mm
Höchstgeschwindigkeit	30 km/h Zahnstange 15 km/h
Leistung	147 kW
Stückzahl	21

Die Dampflokomotiven in Nilgiri haben auf der Zahnradstrecke (das ist der untere Teil der Strecke) Bestandsgarantie. Es gibt keine einsetzbare Zahnrad-Diesellok … Bild: W.u.H. Brutzer

Die B25 03 wird sich, einige Kilometer hinter Ambarawa (Indonesien), auf den nächsten Metern in die Zahnstange einklinken und die Ebene verlassen. Juli 2002.

176

Class B25 (Indonesien)

Der 9,5 Kilometer lange Teil der ehemaligen Zahnradstrecke Ambarawa–Secang–Magelang liegt zwischen Bedono und Ambarawa. Für diese Bahnlinie wurden von 1902 bis 1906 fünf B1'zn4vt Zahnraddampfloks (NIS 231 bis 235) in Esslingen gebaut, die zeitlebens – später als PNKA B25 01 bis 05 bezeichnet – den Betrieb abwickelten.

Gegenüber ihren zahlreichen Schwestermaschinen der SS West-Sumatra in Padang Panjang, die ihren Dienst weit vor der Ära der DKA quittierten, wurden sie hier nie durch stärkere Baureihen ersetzt. Betriebsfähig sind heute wieder B25 02 und B25 03, zu denen sich 1996 die Esslinger E10 60 aus Sumatra gesellte, die allerdings noch nicht die Zahnradstrecke befahren darf. Eine weitere B25 schmückt einen Denkmalsockel im Militärmuseum am Ort.

TECHNISCHE DATEN

Hersteller	Maschinenfabrik Esslingen
Lieferung/Indienststellung	1902–1906
Spurweite	Kapspur (1.067 mm)
Bauart	B1'zn4vt
Länge über Puffer	k.A.
Masse	k.A.
Höchstgeschwindigkeit	k.A.
Leistung	k.A.
Stückzahl	5

177

Baureihe 625 der FS

Die neugegründete Staatsbahn Italiens FS benötigte dringend standardisierte Mehrzwecklokomotiven. Die Loks der Baureihe 625 wurden für gemischte Dienste eingesetzt. Die Baureihe war eine Weiterentwicklung der bewährten Baureihe 600. So brachte die Verwendung von überhitztem Dampf anstelle von Sattdampf eine Leistungssteigerung von 15 Prozent. Zwischen 1910 und 1914 wurden 108 Exemplare in Dienst gestellt. Die Lieferungen aus der deutschen Fertigung wurden mit Kriegsbeginn unterbrochen und erst 1922 wieder aufgenommen. Dann wurden 80 Loks als Reparationszahlungen geliefert. Von 1929 bis 1933 wurden 153 Loks modifiziert und als „neue“ Baureihe 625 eingereiht. Unter anderem wurden die Überhitzer umgerüstet. In den 1950ern wurden 45 Loks auf Rauchgasvorwärmer „Franco-Crosti“ umgebaut und als Baureihe 623 geführt. Die letzten Einsatzgebiete waren in den 1970ern Cremona–Bergamo–Lecco, das Gebiet um Rimini, Taranto–Catanzaro.

Wussten Sie schon?

Der zunächst verwendete Tender war mit 22 m^3 überdimensioniert und wurde bei späteren Chargen teilweise durch eine dreiachsige 16,5-m^3-Version ersetzt, die allerdings bei Rückwärtsfahren Probleme machte.

TECHNISCHE DATEN

Hersteller	Ansoldo, BMAG
Umbau/Indienststellung	1914–1923
Spurweite	Normalspur
Bauart	1'C h2
Länge über Puffer	16,7 m
Masse	85,8 t
Treibraddurchmesser	1.510 mm
Höchstgeschwindigkeit	80 km/h
Leistung	590 kW
Stückzahl	153

Lokomotive 625 011 in Trento am 15. Juni 2002. Bild: Ragg/Archiv W.u.H. Brutzer

178 Baureihe 685 der FS

Die FS beschaffte ab 1912 eine Schnellzug-Lokomotive, welche als Baureihe 685 eingeordnet wurde. Sie war eine Weiterentwicklung der bewährten Baureihe 680. Die ersten 106 Maschinen wurden vor dem Ausbruch des Ersten Weltkrieges geliefert. Diese hatten die Steuerung noch auf der rechten Seite, die ab 1920 ausgelieferten Loks dagegen auf der linken Seite.

Die 685 war auf praktisch allen Hauptstrecken Italiens vor deren Elektrifizierung im Einsatz. Zunächst lag die Höchstgeschwindigkeit bei 110 km/h. Die letzte Lok wurde 1975 ausgemustert.

TECHNISCHE DATEN

Hersteller	Ernesto Breda
Lieferung/Indienststellung	1912–1928
Spurweite	Normalspur
Bauart	1'C1' h4
Treibraddurchmesser	1.850 mm
Masse	120,5 t
Höchstgeschwindigkeit	110 km/h
Leistung	920 kW
Stückzahl	391

Die Loks 685 089 und 196 in San Martino in Gattara (Italien), Mai 2009. Bild: W.u.H. Brutzer

179 Baureihe 740 der FS

740 009 hat mit einem Sonderzug am 27. Mai 1993 Rosarno erreicht. Etliche Dampfloks waren in Norditalien lange Jahre noch als Reserve vorgehalten. Bild:M. Kißler/ Archiv W.u.H. Brutzer

Die Baureihe 740 war die vereinfachte Ausführung der 730er. Die ersten Maschinen wurden 1911 produziert, auch bei dieser Baureihe brachte der Erste Weltkrieg eine längere Unterbrechung. Ein paar Loks wurden auch an andere Abnehmer als die FS geliefert. Die 740 war mit 470 produzierten Lokomotiven die umfangreichste Dampflok-Baureihe Italiens. 49 sind heute noch erhalten. Auch bei ihr gab es eine Umstellung von rechter auf linke Steuerung. Die Tenderausführungen waren unterschiedlich: mit zwei oder drei Achsen und teilweise mit größerem Wassertank-Volumen.

Wenngleich auch für den schweren Güterzugverkehr entwickelt, wurde die 740 zur Universallok, fast jedes Depot verfügte über mindestens eine Maschine.

TECHNISCHE DATEN

Hersteller	Ernesto Breda, Ansaldo, Henschel u.a.
Lieferung/Indienststellung	1911–1923
Spurweite	Normalspur
Bauart	1'D h2
Masse	98,4 t
Höchstgeschwindigkeit	65 km/h
Leistung	721 kW
Stückzahl	470

Baureihe 741 der FS

180

Die Franco-Crosti-Lok 741 120 am 10. Mai 2009 bei einem Zwischenaufenthalt auf der Strecke Bargo–Gallicano. Der typische Schornstein ist gut erkennbar. Bild: W.u.H. Brutzer

Im Jahr 1942 wurden fünf Loks der Baureihe 740 mit einem Franco-Crosti-Kessel ausgestattet und teilweise stromlinienverkleidet. Diese wurden ab 1951 als Baureihe 743 geführt.

Da sich diese ersten Maschinen im Einsatz bewährt hatten, wurden bis 1953 88 weitere Loks – ohne Stromlinienverkleidung – umgerüstet. 81 von ihnen haben die Konstrukteure zwischen 1958 und 1960 erneut überarbeitet. Dabei wurden sie mit nur einem (statt bisher zwei) Vorwärmer ausgestattet. Dieser wurde zudem unter dem Kessel eingebaut, in der Vorversion lag er seitlich. Die Umbauten wurden dann als Baureihe 741 geführt. Insgesamt waren in Italien 200 Lokomotiven nach den Ideen der Konstrukteure Attilio Franco und Piero Crosti umgebaut worden. Durch die Abgasführung wird das Kesselwasser vor dem Einspeisen vorerwärmt, was eine Kohleersparnis von 15 bis 20 Prozent erbrachte.

Die letzten Maschinen dieser auffälligen Bauart waren noch in den späten 1970ern in Franzenfeste im Einsatz.

TECHNISCHE DATEN

Umbau	FS
Lieferung/Indienststellung	1942–1953
Spurweite	Normalspur
Bauart	1'D h2
Länge über Puffer	k.A.
Masse	k.A.
Treibraddurchmesser	1.370 mm
Leistung	k.A.
Stückzahl	81

181 Class 23 der Hedschasbahn

Im September 1997 war die Lok 23 mit einem Personenzug auf der legendären Hedschasbahn in Amman in Jordanien unterwegs.Bild: M. Kißler/Archiv W.u.H. Brutzer

Die Hedschasbahn – auch Mekkabahn, heilige Bahn oder Wustenbahn genannt – führte von Damaskus in Syrien nach Medina im heutigen Saudi-Arabien. Ursprünglich sollte sie bis Mekka verlängert werden, dazu kam es aber nie. Die Hedschasbahn galt, wie die Bagdadbahn, als technische Pionierleistung. Wer als Eisenbahnfreund an die Hedschasbahn denkt, hat wahrscheinlich die eine Filmszene aus „Lawrence von Arabien“ vor Augen, als die Rebellen das Gleis kurz vor dem heran nahenden Zug sprengten.

In Jordanien hat man die Dampfloks Nr. 51 und 82 sowie die Loks 23 und 71 aufgearbeitet. Die 23er ist die eine der modernen Loks wie die 71 (Baujahr 1955) und die 82 (1953), sie wurde erst 1951 geliefert. Die Dampflokomotiven werden ausnahmslos für Sonderzüge genutzt, die Planzüge werden mit Dieselloks von General Electric bespannt.

TECHNISCHE DATEN

Hersteller	Stephenson
Lieferung/Indienststellung	1951
Spurweite	Schmalspur (1.050 mm)
Achsfolge	1'D1'
Länge über Puffer	k.A.
Masse	k.A.
Höchstgeschwindigkeit	k.A.
Leistung	k.A.
Stückzahl	1

Baureihe 17 der ehem. JŽ

Für den Vorortverkehr von Budapest und den Personenverkehr auf weiteren Verbindungsbahnen in Ungarn wurde 1913 die Reihe 342 entwickelt und 1915–1919 in insgesamt 296 Exemplaren gebaut. Die Serienmaschinen erhielten – aufgrund der kriegsbedingten Versorgungsschwierigkeiten mit Kupfer – sogenannte „Brotankessel“. Aufgrund der kriegsbedingt knappen Fertigungskapazitäten wurden über die Hälfte der Loks in Deutschland gebaut. Die Tenderloks der Reihe 342 stießen aber im Vorortverkehr von Budapest bald an ihre Leistungsgrenzen, bewährten sich aber ansonsten gut.

Nach Ende des Ersten Weltkriegs verblieben von den 296 Loks nur 96 in Ungarn. 86 Loks gelangten nach Jugoslawien, fünf in die Slowakei, der Rest ging nach Rumänien. In Jugoslawien wurden die Loks 1933 zur Baureihe 17 zusammen gefasst. Bei zahlreichen Loks wurde der Brotankessel durch einen Kessel mit Kupferfeuerbüchse ersetzt. Erhalten geblieben ist die 17-006 (heute in Slowenien, betriebsfähig).

TECHNISCHE DATEN

Hersteller	MAVAG, Henschel
Lieferung/Indienststellung	1915–1919
Spurweite	Normalspur
Bauart	1'C1' h2t
Länge über Puffer	12,9 m
Masse	70,0 t
Höchstgeschwindigkeit	90 km/h
Leistung	699 kW
Stückzahl	86

Die JŽ 17-006 fuhr bereits Ende der 1980er-Jahre Sonderzüge ab Österreich über die Wocheinerbahn im heutigen Slowenien, hier in Faak am See.

Zu dunkler Stunde vor dem Lokschuppen: 01-088 im September 2001. Bild: M. Kißler/ Archiv W.u.H. Brutzer

183 Baureihe 01 der ehem. JŽ

Im Jahr 1908 suchte die serbischen Staatsbahn SDŽ neue Lokomotiven für den schnellen Reisezugverkehr. Schwartzkopff in Berlin konstruierte daraufhin zusammen mit Vertretern der serbischen Eisenbahn die spätere Baureihe 01.

▶ Wussten Sie schon?
Um die Leistungsfähigkeit der Lokomotive während der Konstruktion zu testen, wurde hierzu sogar serbische Kohle nach Berlin gebracht.

Die erste Lieferung von sechs Lokomotiven erfolgte im Jahr 1912 mit den Fabriknummern 4875 bis 4880. Wie auch bei den italienischen Abnehmern verhinderte der Erste Weltkrieg weitere Lieferungen. Das wurde nach dem Krieg nachgeholt, allerdings zu Lasten des deutschen Staates: Im Jahr 1922 wurden von der Baureihe 01 weitere 120 Exemplare (01-001 bis 01-120) an das Königreich der Serben, Kroaten und Slowenen als Reparationsleistung geliefert. Hiervon baute Schwartzkopff 101 und die Maschinenbau-Gesellschaft Karlsruhe 19 Lokomotiven. Die letzten Maschinen dieser Baureihe wurden noch bis 1985 im Personenzugverkehr eingesetzt.

TECHNISCHE DATEN

Hersteller	Schwartzkopff, Karlsruhe
Lieferung/Indienststellung	1912, 1922
Spurweite	Normalspur
Bauart	1'C1' h4
Länge über Puffer	20,6 m
Masse	68,0 t
Höchstgeschwindigkeit	90 km/h
Leistung	677 kW
Stückzahl	126

Baureihe 06 der ehem. JŽ 184

Als Baureihe 06 war im ehemaligen Jugoslawien eine Personenzug-Schlepptenderlok der Staatsbahn Jugoslovenske Železnice (JŽ) mit der Achsfolge 1'D1' eingestuft. Sie wurde gemeinsam mit den Baureihen JŽ 05 und JŽ 30 ab 1929 von den Berliner Lokomotivherstellern Borsig und Berliner Maschinenbau-Actien-Gesellschaft vormals L. Schwartzkopff entwickelt. Während Schwartzkopff den Bau der Reihe 05 übernahm, baute Borsig die Loks der Reihen 06 und 30. Alle drei Baureihen basierten auf den Entwicklungsgrundsätzen der Einheitsdampflokomotiven der Deutschen Reichsbahn-Gesellschaft und wiesen eine große Anzahl identischer Bauteile auf.

06.018 in der Nähe des slowenischen Hudajuzna. Bild: Werner und Hansjörg Brutzer

TECHNISCHE DATEN

Hersteller	Borsig
Lieferung/Indienststellung	1930
Spurweite	Normalspur
Bauart	1'D1' h2
Masse	21,9 t
Treibraddurchmesser	1.600 mm
Höchstgeschwindigkeit	85 km/h
Leistung	k.A.
Stückzahl	30

Baureihe 33 der ehem. JŽ 185

33.087 bei Podvis. Bild: W.u.H. Brutzer

Die wahrscheinlich letzten Maschinen der Kriegsbaureihe 52 im kommerziellen Güterzugdienst sind einige der im ehemaligen Jugoslawien als Reihe 33 bezeichneten Maschinen, welche bei Bergbaubetrieben und auf der Anschlussbahn eines Heizkraftwerkes bei Tuzla in Bosnien und Herzegowina mangels Dieseltreibstoff nach dem Bürgerkrieg noch immer als Reserve im Einsatz stehen.

TECHNISCHE DATEN

Hersteller	Lok.fabrik Floridsdorf u.a.
Lieferung/Indienststellung	1942–1945
Spurweite	Normalspur
Bauart	1'E h2
Länge über Puffer	23,0 m
Masse	84,0 t
Höchstgeschwindigkeit	80 km/h
Leistung	1.192 kW
Stückzahl	k.A.

186 Baureihe 83 der ehem. JŽ

Mehrere Hersteller bauten für die Bosnisch-Herzegowinischen Staatsbahnen (BHStB) eine schmalspurige Schlepptender-Dampflok, die später als Baureihe 83 bei den Jugoslawischen Staatsbahnen JŽ eingereiht wurde. Die Produktion erfolgte in großer Stückzahl. Die ursprüngliche Konstruktion stammte aus Österreich. Krauss/Linz, spezialisiert auf Lokalbahn- und Schmalspurmaschinen, lieferte als Baureihe IVa 5 1100ff, eine Vierkuppler-Nassdampf-Verbundkonstruktion mit Schlepptender, die sich bewähren sollte. Konzipiert für sowohl 760 mm als auch 1.000 mm Spurweite, wurde sie in nahezu unverändertem Design über einen Zeitraum von 45 Jahren gebaut. Einige Loks sind auch heute noch im Einsatz bei Museumsbahnen. Am bekanntesten eingesetzt wurden die Loks auf dem großen bosnischen Schmalspurnetz, für das sie auch ursprünglich entwickelt wurden, aber auch in Ungarn und der UdSSR.

TECHNISCHE DATEN

Hersteller/Umbau	Krauss, MÁVAG, Jung, Đuro Đaković
Lieferung/Indienststellung	1903–1949
Spurweite	760 mm, Meterspur
Bauart	D1' n2vt/ h2t
Länge über Puffer	13,7 m
Masse	36,0 oder 38,0 t
Treibraddurchmesser	900 mm
Höchstgeschwindigkeit	35 km/h
Stückzahl	183

Lok 83-057 mit einem Zug bei Oplave (Serbien) nahe der Grenze zu Bosnien-Herzegowina, Oktober 2013.

Eine der schönsten Lokomotiven Kanadas: Die Class F2A „Jubilee". Bild: Sammlung Udo Paulitz

187

Class F2A „Jubilee"

Mitte der 1930er-Jahre hatten so viele Kanadier ein Automobil wie nie zuvor. Dieser Umstand übte einen solchen Druck auf die Canadian Pacific Railway aus, dass sie sich zum Bau neuer Schnellzüge für eilige Geschäftsleute entschied, die auf den Hauptstrecken Calgary–Edmonton und Toronto–Detroit verkehren sollten. Interessanterweise besaßen die neu gebauten Lokomotiven nur zwei Treibachsen, was nur selten anzutreffen war. Den Beinamen „Jubilee" bekam diese Baureihe, weil sie an das 50. Jubiläum des transkontinentalen Personenverkehrs in Kanada erinnerte. Auch wenn die Bezeichnung „Stromlinienlok" übertrieben war, wirkten die F2A „Jubilee"-Lokomotiven aufgrund ihrer abgerundeten Ecken und Kanten doch sehr schnittig und elegant.

TECHNISCHE DATEN

Hersteller	CPR
Lieferung/Indienststellung	1936–1938
Spurweite	Normalspur
Achsfolge	2'B2'
Länge über Puffer	24,0 m
Masse	209,0 t
Treibraddurchmesser	2.032 mm
Höchstgeschwindigkeit	140 km/h
Stückzahl	5

▶ Wussten Sie schon?

Zahlreiche Neuerungen wurden bei der F2A-Lok genutzt, so ein Stoker, ein Speisewasservorwärmer und Rollenlager.

Auch im Sommer 2016 noch immer im Dienst: 3716 auf der Museumsbahn Summerland in der kanadischen Provinz British Columbia.

188 Class N-2-B

Die in einer Anzahl von insgesamt 182 Stück von verschiedenen Herstellern gebaute Baureihe N2 war im ländlichen Kanada der für fast alle Einsätze verwendbaren „Lastesel" der Nebenstrecken. So wurde die heutige Museumslok, die in Summerland mit der Nr. 3716 immer noch ihren Dienst versieht, von der Canadian Pacific für Kettle Valley Division beschafft und dort und in den Nachbarprovinzen von 1929 bis 1966 eingesetzt.

Im Verlauf ihrer Einsätze wurde sie von Kohle- auf Ölverbrennung umgebaut. Nach ihrer Ausmusterung wurde sie bereits 1975 wieder aufgearbeitet und in Betrieb genommen.

TECHNISCHE DATEN

Hersteller	CPR, CLC, NLW, CF
Lieferung/Indienststellung	1909–1914
Spurweite	Normalspur
Achsfolge	1'D
Länge über Puffer	k.A.
Masse	k.A.
Höchstgeschwindigkeit	k.A.
Leistung	k.A.
Stückzahl	182

Royal Hudson

Unter der Bezeichnung „Royal Hudson“ lief eine Baureihe von stromlinienverkleideten Schnellzugloks der Canadian Pacific Railway. Sie wurden Ende der 1930er-Jahre von MLW gebaut und waren bis 1960 im Dienst. Vier von ihnen sind heute noch erhalten. Die 2860 erlangte einige Berühmtheit, als sie bis 1999 jeweils den Sommer über einen fast täglich verkehrenden Ausflugszug von Vancouver North nach Squamish führte. Zwischen 2006 und 2010 wurde sie nochmals in Dienst gestellt. Mit der Übernahme der BC Rail durch die CN endete aber offenbar auch das Interesse an dem historischen Dampfbetrieb. Seit dem 9. Dezember 2010 ist die Maschine abgestellt, eine Wiederinbetriebnahme würde mehr als eine Million kanadische Dollar kosten und ist im Moment nicht absehbar. Die drei anderen Loks der Baureihe (2839, 2850 und 2858) sind – nicht mehr betriebsfähig – in Museen hinterstellt.

TECHNISCHE DATEN

Hersteller	MLW
Lieferung/Indienststellung	1930–1938
Spurweite	Normalspur
Achsfolge	2'C2'
Länge über Puffer	27,8 m
Masse	160,0 t
Höchstgeschwindigkeit	k.A.
Leistung	k.A.
Stückzahl	65

Ankunft des Royal Hudson-Sonderzuges in Squamish, Juli 1994

190 Class 59 der East African Railways

Die Class 59 war eine klassische Garratt-Lok. Bild: Sammlung Udo Paulitz

Die Garratts der Baureihe 59 der ehemaligen East African Railways (EAR) sind die größten und schwersten, jemals für eine afrikanische Eisenbahn gebauten Lokomotiven und sie sind zugleich die weltweit größten Lokomotiven für Meterspur. Nachdem die Kenya-Uganda Railway (KUR) den erfolgreichen Einsatz von Garratt-Lokomotiven bei anderen Bahnen beobachtet hatte, beschaffte die Bahn 1926 die ersten eigenen Garratts. Da sich diese Bauart gut bewährte, wurden in der Folge fast nur noch Garratt-Loks beschafft – Ausnahme bildeten lediglich zwei Baureihen.

1948 wurde die East African Railways (EAR) gegründet, ein Zusammenschluss von KUR und der Tanganjika Railways. Die EAR übernahm zahlreiche Garratt-Lokomotiven und beschränkte sich bei Neubeschaffungen ebenfalls auf diese Bauart.

Das ständig steigende Verkehrsaufkommen der Strecke Mombasa–Nairobi Anfang der 1950er-Jahre brachte die vorhandenen Lokomotiven an ihre Leistungsgrenzen. Statt die Strecke zweigleisig auszubauen oder zu elektrifizieren, erkannte man, dass das Gleis eine mittlere Achslast von 20,3 Tonnen bewältigte. Daher gab man bei Beyer Peacock die Konstruktion einer entsprechenden Garratt in Auftrag. Noch vor ihrer Lieferung im Jahr 1950 wurde die Bestellung auf 34 Stück erhöht. Die Lokomotiven wurden 1955 geliefert und als Klasse 59 eingestuft. Es waren die letzten von der EAR beschafften Dampflokomotiven. Die Loks waren mit Ölfeuerung ausgestattet, ein Umbau auf Kohlefeuerung war jedoch vorgesehen, um im Fall von deutlichen Bezugspreisänderungen flexibel sein zu können.

TECHNISCHE DATEN

Hersteller	Beyer, Peacock & Co.
Lieferung/Indienststellung	1955
Spurweite	Meterspur
Bauart	2'D1'+1'D2' h4
Länge über Puffer	31,7 m
Masse	256,0 t
Treibraddurchmesser	1.372 mm
Höchstgeschwindigkeit	70 km/h
Stückzahl	34

Baureihe 55 der CFL

Die 5519 überquert den Viadukt in Luxembourg, Juli 2016

Die nach dem Zweiten Weltkrieg neu gegründeten Luxemburgischen Staatsbahnen (CFL) übernahmen im Dezember 1948 und Januar 1949 insgesamt 20 Loks der Baureihe 42 aus der Nachkriegslieferung der Wiener Lokomotivfabrik Floridsdorf (WLF) als Baureihe 55. Anfang der 1960er-Jahre wurde die Ablösung der Dampfloks in Luxembourg eingeläutet. Alle Maschinen bis auf die 55.19 wurden verschrottet.

Im Jahre 1987 wurde ein Abkommen zwecks Restaurierung mit dem neuen Verein „5519 a.s.b.l." geschlossen und die Lok einem vollkommenem Neuaufbau unterzogen. Von Juli 1987 bis Frühjahr 1991 wurden mehr als 7.000 Arbeitsstunden durch aktive Vereinigungsmitglieder in den Petinger Werkstätten ausgeführt. Die Endmontage erfolgte dann in Meiningen. Am 16. August 1991 folgten mehrere Probe- und Abnahmefahrten vor Personen- und Güterzügen. Im Dezember 1991 kehrte dann die 5519 in ihre alte Heimat Luxembourg zurück.

2001 musste der alte Kessel durch einen vollständig geschweißten ersetzt werden, diese Arbeit erfolgte ebenfalls in Meiningen.

TECHNISCHE DATEN

Hersteller	Floridsdorf
Lieferung/Indienststellung	1948
Spurweite	Normalspur
Bauart	1'E h2
Länge über Puffer	23,0 m
Masse	96,9 t
Höchstgeschwindigkeit	80 km/h
Leistung	1.324 kW
Stückzahl	20

192 Garratt 4-8-2+2-8-4 der CFM

Nr. 972 bei Machipanda mit einem Güterzug nach Rhodesien. Bild: Ted Talbot (Archiv Fern-Express)

Henschel lieferte 1956 fünf hochmoderne Garratts der Achsfolge 2'D1'+1'D2' h4 nach Mozambique, wo sie mit den Nummern 971 bis 975 eingeordnet wurden. Sie waren abgeleitet von der belgischen Baureihe 951, hatten jedoch größere Räder, einen Stahlguss-Rahmen und einen höheren Kesseldruck. Das Design war an die südafrikanische Baureihe GMA/M angelehnt, ungewöhnlich für Garratts waren die zierlichen Windleitbleche. Alle Achsen waren auf Rollen gelagert, auch die Kessel waren größer dimensioniert als bei den Vorläufer-Baureihen. Auch verfügten sie über eine geschweißte Feuerbuchse. Gefeuert wurde mittels Stoker, also automatisch, was die Arbeitsbedingungen deutlich verbesserte. Um die Hochwertigkeit zu demonstrieren wurden die Loks in einer eleganten maroonfarbenen Lackierung ausgeliefert. Durch die Traktionsumstellung, die in Mozambique etwas schneller ablief als in den Nachbarländern, hatten die großartigen Maschinen nur eine Lebensdauer von etwa 20 Jahren.

TECHNISCHE DATEN

Hersteller	Henschel
Lieferung/Indienststellung	1956
Spurweite	Kapspur (1.067 mm)
Bauart	2'D1'+1'D2' h4
Länge über Puffer	k.A.
Masse	183,8 t
Treibraddurchmesser	k.A.
Leistung	k.A.
Stückzahl	5

J 1211 (Stromlinie) und J 1234 passieren mit einem Sonderzug Owhango in Neuseeland.

193

Class J der NZR

Nach dem Erfolg der Baureihe „K" auf den Hauptstrecken wurde dringend eine moderne, leistungsfähige Lokomotive für die Nebenstrecken mit geringerem Achsdruck gesucht. Die teilweise stromlinienverkleidete Schlepptenderlok wurde als Baureihe „J" eingereiht. 30 Loks wurden zunächst auf der Nordinsel stationiert, die andere zehn wurden auf der gebirgigen Strecke Dunedin–Oamaru auf der Südinsel eingesetzt.

Zwölf Maschinen wurden auf Ölfeuerung umgebaut, dabei wurde die ursprünglich halbkugelförmige Rauchkammertür ersetzt. Die letzten größeren Einsätze hatten einige Maschinen mit neuem Kessel, die 1969 bis 1970 im Schnellzugdienst auf der Südinsel eingesetzt wurden. Diese Loks wurden als Unterbaureihe „JC" geführt. Die Original-„J" verkehrte hauptsächlich vor Güterzügen oder als Schiebelok auf den Steigungsstrecken. Nur wenige untergeordnete Personenzüge wie der Opua-Express, der Auckland–New Plymouth-Nachtexpress und der Tanetua-Express wurden von ihnen gefahren.

TECHNISCHE DATEN	
Hersteller	NB
Lieferung/Indienststellung	1939
Spurweite	Kapspur (1.067 mm)
Bauart	2'C1 h2
Länge über Puffer	20,4 m
Masse	110,6 t
Höchstgeschwindigkeit	k.A.
Leistung	k.A.
Stückzahl	40

194 Serie 26 der NSB

Eine der erfolgreichsten Lokomotiven Norwegens: die Serie 26 der NSB. Bild: Sammlung Udo Paulitz

Als 1905 Norwegens Unabhängigkeit von Schweden kurz bevorstand, setzte man sich dort das ehrgeizige Ziel, die wichtigsten Städte Norwegens durch den Schienenverkehr zu verbinden. Besonders schwierig gestaltete sich diese Aufgabe vor allem durch die Topografie des Landes: Norwegen ist ein sehr gebirgiges Land mit harten Wintern. Daher benötigte man eine kraftvolle Dampflokomotive, die diesen Bedingungen gewachsen war und vor allem die Steigungen souverän bewältigen konnte. Die in mehreren Baulosen gebaute Reihe 26 meisterte die Herausforderung ausgezeichnet: Sie war in der Lage, 300 t Zuglast über 20 Promille-Steigungen mit bis zu 35 km/h zu befördern, und wurde erst in den 1960er-Jahren aufgrund der Konkurrenz durch Elektro- und Diesellokomotiven außer Dienst gestellt. Dies spricht klar für ihren Erfolg.

TECHNISCHE DATEN

Hersteller	SLM, NOHAB
Lieferung/Indienststellung	1910–1924
Spurweite	Normalspur
Achsfolge	2'D
Länge über Puffer	15,1 m
Masse	72,2 t
Höchstgeschwindigkeit	70 km/h
Leistung	980 kW
Stückzahl	22

Steigungen auf Bergstrecken bereiteten der Serie 26 keine Probleme. Bild: Sammlung Udo Paulitz

Serie 30 der NSB

Die Loks der Baureihe 30 der NSB sind ursprünglich Schnellzuglokomotiven. Sie wurden jedoch im gesamten Streckennetz eingesetzt, teilweise selbst vor Güterzügen. 18 Lokomotiven der Type 30a als Vierzylinderlokomotive wurden von 1914 bis 1919 an die NSB geliefert. Ab 1920 folgten die Lieferungen der Type 30b. Sie wurde als Vierzylinder-Verbundlokomotive von der Norsk Maskin Industri (eine Kooperation der beiden größten norwegischen Lokomotivhersteller Thunes und Hamar Jernstøberi) geliefert. Da sich die Maschinen bewährt hatten, wurden nach fast 20 Jahren nochmals vier Lokomotiven nachgeliefert. Auch nach dem Zweiten Weltkrieg waren die Lokomotiven noch auf vielen Strecken im Personenzugeinsatz. Am 15. Oktober 1969 wurde die letzte Lokomotive ausgemustert. 30a 271 ist bis heute erhalten und noch als Museumslok im Einsatz.

TECHNISCHE DATEN

Hersteller	Thunes Mekaniske Verksted, Norsk Maskin Industri
Lieferung/Indienststellung	1914–1921
Spurweite	Normalspur
Bauart	2'C h4/ h4v
Länge über Puffer	17,6 m
Treibraddurchmesser	1.600 mm
Höchstgeschwindigkeit	90 km/h
Stückzahl	45

Lok 271 in Trengereid mit einem Sonderzug nach Garnes (Norwegen) Bild: Hans Schaefer (Archiv Fern-Express)

Mäßige Geschwindigkeiten und die geringe Achslast der Reihe 49 schonten den Oberbau, dessen Wartung teuer war. Bild: Sammlung Udo Paulitz

196 Serie 49 der NSB („Dovregubben")

Aufgrund der schwierigen Topografie Norwegens war nicht nur der Streckenbau mit erheblichen Problemen verbunden, sondern es mussten auch ungewöhnliche konstruktive Lösungen für die Lokomotiven gefunden werden. Die Reihe 49 besaß daher als Besonderheiten die eher seltene Achsfolge 1'D2', um eine optimale Gewichtsverteilung zu erreichen, desweiteren einen Tender mit selbsttragendem, zylindrischem Wassertank. Die Baureihe mit dem Beinamen „Dovregubben" gehört zu den sparsamsten Verbundlokomotiven überhaupt. Bis zu ihrer Ausmusterung 1958 zogen diese Loks schwere Schnellzüge durch das skandinavische Land.

Wussten Sie schon?

1940 wurden von der deutschen Firma Krupp zwei Maschinen ausgeliefert. Eine von ihnen ist heute im Museum von Hamar.

TECHNISCHE DATEN

Hersteller	Thune, Krupp
Lieferung/Indienststellung	1935–1941
Spurweite	Normalspur
Achsfolge	1'D2'
Länge über Puffer	22,0 m
Masse	99,0 t
Treibraddurchmesser	1.530 mm
Höchstgeschwindigkeit	120 km/h
Leistung	k.A.
Stückzahl	7

1–4 der Achenseebahn

Bereits zur Eröffnung 1889 wurden vier Dampfloks der Achsfolge Bzt-n2 mit den Nummern 1 bis 4 bzw. den Namen „Theodor", „Hermann", „Georg" und „Carl" beschafft. Die Loks wurden in der Wiener Lokomotivfabrik in Floridsdorf nach Plänen aus Esslingen gebaut, ihre Leistung beträgt 180 PS. Sie verbrauchen 350 kg Kohle und 3 m³ Wasser pro Hin- und Rückfahrt. Die Tenderloks sehen recht „hochbeinig" aus, da die Antriebswelle über den Achsen noch unter den Wasserkästen eingebaut wurde. Der Raddurchmesser beträgt 898 mm, der Radstand 2.350 mm.

Lok 4 wurde nach dem Zweiten Weltkrieg als Ersatzteilspender kannibalisiert und anschließend verschrottet. 2005 wurde aus Ersatzteilen eine neue Lok 4 aufgebaut, allerdings zunächst nicht betriebsfähig und nur als Kulisse. Nachdem Lok 1 im Mai 2008 bei einem Brand schwer beschädigt wurde, baute man hier die fehlenden Teile aus und machte Lok 4 einsatzbereit. 2009 wurden die fehlenden Teile neu beschafft und damit auch wieder Lok 1 neu aufgebaut.

TECHNISCHE DATEN

Hersteller	Floridsdorf
Lieferung/Indienststellung	1889, 1896
Spurweite	Meterspur
Bauart	Bzt-n2
Länge über Puffer	5,7 m
Masse	18,3 t
Treibraddurchmesser	898 mm
Leistung	132 kW
Stückzahl	4

Lok Nr. 1 der Achenseebahn passiert die Station Eben (Österreich). Juli 2007.

198 Reihe 310 der kkStB

Die Reihe 310 der kaiserlich-königlichen Österreichischen Staatsbahnen wurde von Gölsdorf für den Schnellzugverkehr konstruiert. Er schuf eine eine elegant wirkende Vierzylinder-Verbund-Heißdampflokomotive, die zu einer der großen europäischen Dampfloklegenden wurde. Nach dem Zusammenbruch der Donaumonarchie im Ersten Weltkrieg fanden sich die Loks in den neu geschaffenen Ländern Österreich, Polen und der Tschechoslowakei wieder. Im Zweiten Weltkrieg verschlug es weitere Exemplare nach Polen, die dort unter der Bezeichnung „Pn12“ geführt wurden. In Prag und im Eisenbahnmuseum Strasshof sind je eine Lok erhalten, jedoch nur die österreichische 310.23 ist noch betriebfähig.

Wussten Sie schon?

Bei der DRG wurde die Baureihe 16 im Zweiten Weltkrieg durch die 310 ergänzt – mit Loks aus Österreich und Polen.

Die Baureihe 16 war eine österreichische 310, die mit dem „Anschluss“ der Alpenrepublik deutsch wurde. Bild: Sammlung Udo Paulitz

TECHNISCHE DATEN

Hersteller	Floridsdorf, BMMF, StEG, u.a.
Lieferung/Indienststellung	1911–1916
Spurweite	Normalspur
Bauart	1'C2'-h4v
Länge über Puffer	21,0 m
Masse	138,0 t
Höchstgeschwindigkeit	100 km/h
Leistung	1.325 kW
Stückzahl	90

Die Reihe 310 setzte sich in Österreich sehr schnell durch und behob damit das Problem fehlender Schnellzugloks im Flachland. Bild: Sammlung Udo Paulitz

100.01 der kkStB

Sechskuppler waren auch im österreichischen Lokbau sehr ungewöhnlich. Bild: Sammlung Udo Paulitz

Als Anfang des 20. Jahrhunderts die fünffach gekuppelten Lokomotiven an ihre Grenzen stießen wurde über den Bau eines Sechskupplers nachgedacht. So war für den wachsenden Reiseverkehr auf der 1909 eröffneten Tauernbahn selbst die Reihe 380 zu schwach. Da es aber mit dem simplen Hinzufügen einer sechsten Achse (also Achsfolge 1'F) nicht getan war, entwarf Karl Gölsdorf eine besondere Konstruktion, die auch bei den Künfkupplern bereits erfolgreich war: Bei der Versuchslokomotive 100.01 der KKStB waren einige Kuppelachsen seitenverschiebbar, damit sie sich in Kurven dem Schienenverlauf wie eine Raupe anpassen konnten. Damit gelang Gölsdorf die erste wirklich praxistaugliche sechsfach gekuppelten Lokomotive.

Die Lokomotive bewährte sich gut, die 1911 von der Lokomotivfabrik Floridsdorf gelieferte 100.01 erfüllte die Anforderungen im Alltagsbetrieb problemlos. So beförderte sie Züge bei 360 t Last mit 40 km/h über die 28‰-Steigungen der Tauernbahn. Ihre Höchstgeschwindigkeit lag bei 85 km/h und mit ihrer indizierten Leistung von 2.020 PS war sie 20 % stärker als die Reihe 380.

Nach dem Ersten Weltkrieg verblieb die Lok bei der BBÖ im Einsatz. Die anstehende Elektrifizierung der Gebirgsstrecken den verhinderte den Bau weiterer Maschinen. Der Bruch eines Hochdruckzylinders führte schließlich zum Ende des faszinierenden Einzelstückes.

▶ Wussten Sie schon?
Die 100.01 diente als Vorbild für die sechsfach gekuppelte Württembergische K der Württembergischen Staats-Eisenbahnen.

TECHNISCHE DATEN

Hersteller	Floridsdorf
Lieferung/Indienststellung	1911
Spurweite	Normalspur
Bauart	1'F h4v
Länge über Puffer	19,3 m
Masse	134,0 t
Höchstgeschwindigkeit	85 km/h
Leistung	1.485 kW
Stückzahl	1

200 Baureihe 52 der ÖBB

Eine Doppeltraktion der Baureihe 52 führt einen Sonderzug von Lienz durch das Pustertal nach Bozen, hier die Ausfahrt in Lienz (Österreich). Juli 1987.

Nach Kriegsende befanden sich über 700 Lokomotiven der Baureihe 52 In Österreich. Nach Ausmusterungen, Rückgaben, Täuschen und Reparationsleistungen waren es 1953 lediglich noch 307. Diese wurden bei den ÖBB unter Beibehaltung der Nummerierung ebenfalls als Baureihe 52 eingereiht. Schon allein durch ihre große Anzahl beherrschten sie lange Jahre den Dampfbetrieb in der Alpenrepublik.

Sie wurden verschiedenen Umbauten unterzogen: Bei knapp der Hälfte wurde ein Giesl-Ejektor zur höheren Leistung eingebaut, bei rund einem Drittel erfolgte der Einbau einer Zugführerkabine in den Wannentender und immerhin 40 Loks versah man mit einem Heinl-Mischvorwärmer. Sie wurden nicht nur im Güterverkehr, sondern quer durch alle Zuggattungen bis zum internationalen Schnellzug eingesetzt. Die letzten Lokomotiven wurden 1976/77 aus dem Planverkehr genommen und waren damit vor den Zahnradlokomotiven der Erzbergbahn die letzten Normalspurdampfloks der ÖBB.

TECHNISCHE DATEN

Hersteller	Lok.fabrik Floridsdorf u.a.
Lieferung/Indienststellung	1942–1945
Spurweite	Normalspur
Bauart	1'E h2
Länge über Puffer	23,0 m
Masse	84,0 t
Höchstgeschwindigkeit	80 km/h
Leistung	1.192 kW
Stückzahl	307

Baureihe 78 der ÖBB

201

Die 78 618 leistet Vorspann zu einem Sonderzug durch das Gesäuse (Österreich)

Um auf ausländischem Gebiet die Gebühren für das Wenden der Lokomotiven zu sparen, setzte die BBÖ nach dem Ersten Weltkrieg Tenderlokomotiven für Schnellzüge ein. Die vorhandene Baureihe 629 war für diese Einsätze zu schwach und ihre Vorräte zu gering. Die Lokomotivfabrik Floridsdorf löste das Problem, indem aus den vorhandenen Teilen im Baukastenprinzip eine neue 2'C2'-Tenderlokomotive, Reihe 729 konstruiert wurde. Sie bestand aus dem Kessel der Reihe 109 sowie Drehgestellen, Rädern, Antriebs- und Steuerungsgestängen der Reihe 629. 1931 wurden sechs Stück, 1932 vier weitere geliefert und schließlich 1936 nochmals sechs Exemplare mit leicht abweichenden technischen Daten nachbestellt.

▶ Wussten Sie schon?
Mit der deutschen Baureihe 78, der vormals preußischen T 18, hat die Baureihe eigentlich nur die Achsfolge gemeinsam.

Eine zehn Stück umfassende weitere Lieferung ging an die Deutsche Reichsbahn, wo die Loks als 78^6 eingereiht wurden. In Österreich waren sie bis 1973 im Einsatz, die 78 618 wird durch die Österreichische Gesellschaft für Eisenbahngeschichte (ÖGEG) betriebsfähig erhalten.

TECHNISCHE DATEN

Hersteller	Floridsdorf
Lieferung/Indienststellung	1931–1938
Spurweite	Normalspur
Bauart	2'C2' h2t
Länge über Puffer	15,0 m
Masse	108,4/113,1 t
Höchstgeschwindigkeit	95/105 km/h
Leistung	1.325 kW
Stückzahl	26

202 Baureihe 93 der ÖBB

Am 12. August 1975 standen der 93 1367, hier in Mistelbach, noch einige Jahre im Planeinsatz im Waldviertel bevor. Bild: W.u.H. Brutzer

Die BBÖ beauftragte in den 1920er-Jahren die Lokomotivfabrik Floridsdorf mit dem Entwurf einer Heißdampf-Tenderlokomotive, die als Ersatz für zahlreiche andere ältere Baureihen vorgesehen war. Die Nebenbahnlokomotive erhielt die Achsformel 1'D1' und bei der BBÖ zunächst die Bezeichnung 378.

▶ **Wussten Sie schon?**
Gemeinsam mit der Baureihe 52 waren die 93er die letzten Normalspurloks in Österreich im Plandienst.

Mit der Übernahme durch die Deutsche Reichsbahn nach 1938 wurden die Lokomotiven als 93 1301–1467 bezeichnet. Die ÖBB übernahm später diese Baureihenbezeichnung. Ab 1944 wurden von der Slowakischen Staatsbahn (SŽ) 25 Stück in leicht veränderter Form nachbestellt. 1958 wurden 72 Exemplare mit Giesl-Ejektor ausgestattet und weiter optimiert, wodurch sich ihre Leistung um etwa 30% erhöhte. Die 93er waren im gesamten Nebenstreckennetz der ÖBB im Einsatz. Sie war eine der letzten normalspurigen Dampflokbaureihen im Bestand der ÖBB.

TECHNISCHE DATEN

Hersteller	Krauss, Floridsdorf
Lieferung/Indienststellung	1927–1931/1944
Spurweite	Normalspur
Bauart	1'D1' h2t
Länge über Puffer	12,0 m
Masse	66,0 t
Höchstgeschwindigkeit	60 km/h
Leistung	515 kW
Stückzahl	167

Die ersten Einsätze von zahnradlosen Dieselloks auf der Steilstrecke Vordernberg–Präbichlam im steirischen Erzberg (Österreich) wurden noch mit dampfbetriebenen „Angstloks" begleitet und abgesichert.

Baureihe 197 der ÖBB 203

Um die Zahnradloks der Baureihe 69.01–18 auf der Erzbergbahn in der Steiermark abzulösen, ließen die kkStB 1912 drei sechsachsige Tenderlokomotiven bauen, die unter der Baureihenbezeichnung 269 eingeordnet wurden. Sie waren die leistungsstärksten Zahnradbahnlokomotiven der Welt, bis sie 1941 von der 97^4 überflügelt wurde. Bei der Übernahme im März 1938 wurden alle 18 Lokomotiven entsprechend dem DRG-Schema auf 97 301–303 umnummeriert. Bei den Österreichischen Bundesbahnen (ÖBB) ab 1953 bekamen die Lokomotiven die Nummern 197.301–303. 1978 endete der Zahnradbetrieb und die Loks wurden ausgemustert. 197.301 ist im Eisenbahnmuseum Strasshof nicht betriebsbereit erhalten.

TECHNISCHE DATEN	
Hersteller	Floridsdorf
Lieferung/Indienststellung	1912
Spurweite	Normalspur
Bauart	Fn4zzt
Länge über Puffer	k.A.
Masse	88,0 t
Höchstgeschwindigkeit	30 km/h (Adhäsion)
Leistung	824 kW
Stückzahl	3

204

Baureihe 97^4 der ÖBB

Einzelstück Baureihe 97^4 war wenig im Einsatz.Bild: W.u.H. Brutzer

Für die österreichische Erzbergbahn wurden 1941/42 diese beiden stärksten Zahnradlokomotiven der Welt gebaut. Sie konnten 300 t schwere Züge auf einer Steigung bis zu 71,5 Promille mit einer Geschwindigkeit von 15 km/h bewältigen. Allerdings gab es Probleme: Weil die Zahnstange für diese Loks zu schwach war, kam es nämlich zu keinem Einsatz am Berg, lediglich im Rangierdienst. Nach dem Krieg gingen die beiden Maschinen in den Besitz der Österreichischen Bundesbahnen über, wo nur noch eine Lok in Betrieb ging, die jedoch bereits 1964 ausgemustert wurde. Sie steht heute als Denkmal-Lokomotive in Vordernberg.

TECHNISCHE DATEN

Hersteller	Floridsdorf
Lieferung/Indienststellung	1941–1942
Spurweite	Normalspur
Bauart	1'F1'h2zz(2)t
Länge über Puffer	14,8 m
Masse	125,0 t
Höchstgeschwindigkeit	30 km/h
Leistung	719 kW
Stückzahl	2

205

Baureihe Uv der NÖLB

Wartungsarbeiten an der Lok 3 der Zillertalbahn

In den Jahren 1902 bis 1905 wurden durch die Niederösterreichischen Landesbahnen NÖLB insgesamt drei auf der Reihe U basierende stärkere Lokomotiven (Bezeichnung Uv) bestellt. Sie sollten auf den Waldviertler Schmalspurbahnen und der Mariazellerbahn zum Einsatz kommen. Maschinen dieser Bauart wurden auch von den kkStB und der Zillertalbahn bestellt. Nach dem Ersten Weltkrieg folgte weitere Order durch die polnische Staatsbahn PKP. Alle drei ursprünglich gelieferten Loks (ÖBB 298.205–207), und die der Zillertalbahn sind erhalten geblieben.

TECHNISCHE DATEN

Hersteller	Krauss
Lieferung/Indienststellung	1902–1905
Spurweite	760 mm
Bauart	C1'n2vt
Länge über Puffer	7,8 m
Masse	27,5 t
Treibraddurchmesser	820 mm
Höchstgeschwindigkeit	35 km/h
Stückzahl	8

Baureihe 298 der ÖBB

Die kkStB als beauftragter Betriebsführer für die Murtalbahn in der Steiermark benötigten 1894 leistungsstärkere Maschinen als die bisher verwendeten. Bei Krauss wurden vier Maschinen bestellt, angelehnt an die bereits bewährte Steyrtalbahn-Lok. Fahrwerk und Maschinerie konnten praktisch unverändert übernommen werden. Kessel, Feuerbüchse und Wasserkästen baute man in einer vergrößerten Version ein. Die Lok konnte in der Ebene eine Anhängelast von 515 t befördern, in einer Steigung von 20 Promille lag die Leistung noch bei einer möglichen Last von 90 t bei 20 km/h. Die maximale Geschwindigkeit wurde auf 35 km/h beschränkt.

Die Baureihe bewährte sich ausgezeichnet. Das führte dazu, dass fast alle Betreiber von Schmalspurstrecken diese Version orderten. Gebaut wurden sie von mehreren Lokomotivfabriken. Das letzte Exemplar wurde 1922 für die StLB fertig gestellt.

Die ÖBB bezeichnete ihre Lokomotiven nach dem Zweiten Weltkrieg als Baureihe 298, mit einer zweistelligen Ordnungsnummer. Auch heute sind noch etliche Maschinen bei Museums- und Touristikbahnen betriebsfähig vorhanden. Einige weitere Exemplare können als Denkmäler bewundert werden.

TECHNISCHE DATEN

Hersteller	Krauss, StEG, BMMF, Floridsdorf
Lieferung/Indienststellung	1897–1922
Spurweite	760 mm
Bauart	C1'n2t
Länge über Puffer	7,2 m
Masse	24,0/24,3 t
Treibraddurchmesser	820 mm
Höchstgeschwindigkeit	35 km/h
Leistung	165 kW
Stückzahl	52

In den 1970er Jahren war der Personenzug im Steyrtal noch eine Planleistung der 298.

207

Baureihe 399 der ÖBB

Die Schlepptenderloks der Baureihe 399 waren wahre Arbeitstiere. In den 1970er-Jahren gab es noch Güterzüge mit Rollbockwagen zu befördern.

Für die Bergstrecke der Mariazellerbahn bestellten die NÖLB 1906 bei Krauss in Linz zunächst vier Heißdampflokomotiven (Mh.1 bis Mh.4). 1907 folgten zwei Verbunddampflokomotiven (Mv.1 und Mv.2). Da sich die Heißdampfvariante besser bewährte, wurden 1908 zwei Maschinen dieser Variante beschafft (Mh.5 und Mh.6). Die Bezeichnung der Baureihe kommt von M für Mariazell. Durch die Konstruktion mit einem Krauss-Stütztender erreichten die Konstrukteure ein hohes Reibungsgewicht (30 Tonnen) und erzielten somit einen guten Kurvenlauf.

Das hohe Fahrgastaufkommen der Mariazellerbahn erforderte jedoch bald die Elektrifizierung der Strecke. Die Dampflokomotiven wurden daher ab 1911 bis in die 1960er auf der abzweigenden Lokalbahn Ober–Grafendorf–Gresten für schwere Güterzüge eingesetzt. Später fanden sie auf den Waldviertler Schmalspurbahnen lange Jahre Verwendung. Die Mh wurde bei der ÖBB als „399“ eingereiht. Die betriebsfähige Aufarbeitung einer 399 durch die Österreichische Gesellschaft für Eisenbahngeschichteist geplant.

TECHNISCHE DATEN

Hersteller	Krauss
Lieferung/Indienststellung	1906
Spurweite	760 mm
Bauart	D2'h2st
Länge über Puffer	11,7 m
Masse	45,1 t
Treibraddurchmesser	920 mm
Höchstgeschwindigkeit	40 km/h
Stückzahl	18

Baureihe 699 der ÖBB

Für den Zweiten Weltkrieg wurde dringend eine kräftige Schmalspur-Schlepptenderlokomotive gebraucht, entwickelt wurde nach den Anforderungen die Heeresfeldbahn-Baureihe HF 160 D, die auch als Kriegsdampflokomotive 11 (KDL 11) bezeichnet wurde. Nach dem Krieg wurden etliche Maschinen zivil genutzt, dabei wurden einige Exemplare sogar auf Normalspur umgespurt. Nach 1945 verblieben einige Loks in Österreich und wurden dort als Baureihe 699 geführt. Die Lokomotiven der Reihe 699 waren auf der Bregenzerwaldbahn, der Pinzgaubahn, den Waldviertler Schmalspurbahnen, der Vellachtalbahn und der Steyrtalbahn im Einsatz. Die 699.101 und die 103 sind heute noch als Museumsloks aktiv.

▶ **Wussten Sie schon?**
Durch den Umbau zu Tenderlokomotiven entstand die Reihe 699.1.

TECHNISCHE DATEN

Hersteller	Franco-Belge
Lieferung/Indienststellung	1944–1945
Spurweite	760 mm
Bauart	D n2(t)+T
Länge über Puffer	12,2 m
Masse	220 t
Höchstgeschwindigkeit	k.A.
Leistung	118 kW
Stückzahl	7

Der Giesl-Ejektor der 699.103 hatte im September 1980 (Bw Garsten) schon lange keinen Rauch mehr „gesehen". Heute ist die Lok wieder aktiv …

209 Baureihe 49 der Südbahn

Für ihre Güterzüge brauchte die österreichische Südbahn eine dreifach gekuppelte Lokomotive: Nach Vorbild der französischen „Bourbonnais" lieferte die StEG im Jahr 1860 20 Stück. Diese bewährten sich so gut, dass bis 1872 weitere 185 Maschinen folgten. Gebaut wurden diese von der StEG, der Wiener Neustädter Lokomotivfabrik und von der Maschinenfabrik Esslingen. Nach der Verstaatlichung 1924 kamen 47 Stück zur BBÖ, wo sie als Reihe 49 eingeordnet wurden. Andere gingen nach Jugoslawien, Ungarn und Italien. Nach dem Zweiten Weltkrieg verblieb in Österreich nur noch eine einzige Lok, aber auch die (153.7114) wurde bereits 1953 ausgemustert. Einige Loks waren in den 1920ern an die Graz–Köflacher Bahn (GKB) verkauft worden. Weitere Exemplare befinden sich im Eisenbahnmuseum Ljubljana sowie im Deutschen Technikmuseum Berlin.

TECHNISCHE DATEN

Hersteller	StEG, Wiener Neustädter Lokomotivfabrik, Esslingen
Lieferung/Indienststellung	1860 – 1872
Spurweite	Normalspur
Bauart	C n2
Länge über Puffer	14,3 m
Masse	38,0 t
Treibraddurchmesser	1.245 mm
Höchstgeschwindigkeit	45 km/h
Leistung	k.A.
Stückzahl	205

Die 671 der GKB war am 30. Mai 1996 zu Besuch in Celje. Bild: Braun/Archiv W.u.H. Brutzer

Baureihe Ok1 der PKP

Die Ok1 359, eine ehemalige P 8, war 1983 bei einer Sonderfahrt im Riesengebirge unterwegs.

Im Rahmen der Vereinbarungen nach dem Ersten Weltkrieg wurden 627 Lokomotiven der Baureihe P 8 an die damaligen alliierten Mächte abgegeben. Polen erhielt aus diesem Kontingent 192 Maschinen. Zwei Loks wurden an Danzig, damals freie Reichsstadt weitergereicht. Die PKP führte die restlichen als Baureihe Ok1 mit den Nummern 1 bis 190. Aber auch die PKP beschafften noch weitere, fabrikneue P 8. 65 Maschinen wurden von Hanomag, Linke-Hoffmann und BMAG insgesamt gebaut, sie erhielten die Betriebsnummern Ok1-201 bis 265.

Während des Zweiten Weltkriegs fanden die Maschinen „heim ins Reich" und wurden wieder in das DRG-Schema einsortiert, nur um nach 1945 wieder bei der PKP zu landen. Weitere Loks kamen dazu, die Baureihe umfasste jetzt 429 Maschinen, die auch durchgehend nummeriert wurden.

Die Ok1 hielt sich bis in die letzten Jahres des planmäßigen Dampflokeinsatzes im Betrieb. Die letzte wurde 1981 ausgemustert. Die Ok1 überlebte stückzahlmäßig ihren weniger erfolgreichen Nachbau Ok22 locker. Einige Loks sind bis heute erhalten.

TECHNISCHE DATEN

Hersteller	Hanomag u.a., PKP-Nachbau
Lieferung/Indienststellung	1906–1930
Spurweite	Normalspur
Bauart	2'C h2
Länge über Puffer	18,6 m
Masse	76.7 t
Höchstgeschwindigkeit	100 km/h
Leistung	868 kW
Stückzahl	255

Ok22 31 vor einem Personenzug in Lipiny (Polen). Bild: D. Holz/Archiv W.u.H. Brutzer

211 Baureihe Ok22 der PKP

Vorbild bei der Entwicklung der Ok22 war die preußische P 8. Sie wurde als Nachfolger und Ersatz der schon damals betagten Ok1 gedacht. Bei der Konstruktion, die in Zusammenarbeit mit Hanomag entwickelt wurde, hat man die Lokomotiven allerdings mit einem leistungsfähigeren Kessel ausgestattet, der zudem deutlich höher eingebaut wurde.

▶ **Wussten Sie schon?**
Die Baureihe Ok22 war die erste bei der PKP mit elektrischer Beleuchtung.

Das gab der Konstruktion insgesamt ein moderneres, etwas fremdartiges Aussehen. Das Fahrwerk hatte die unveränderten Maße des Ursprungstyps. Hanomag in Hannover lieferte 1923 die ersten fünf Lokomotiven an die PKP. Weitere 185 Lokomotiven wurden von dem polnischen Lokomotivhersteller Fablok in Chrzanów hergestellt. Diese lieferte die erste „echte“ polnische Ok22 am 31. Dezember 1928. Während des Zweiten Weltkriegs wurde die Baureihe von der Deutschen Reichsbahn unter den Nummern 38 4501 bis 38 4630 eingeordnet. Erhalten ist die Ok22-23 in Jaworzyna Śląska und die Ok22-31 in Wolsztyn.

TECHNISCHE DATEN

Hersteller	Hanomag, Fablok
Lieferung/Indienststellung	ab 1923
Spurweite	Normalspur
Bauart	2'C h2
Länge über Puffer	18,6 m
Masse	78,9 t
Treibraddurchmesser	1.750 mm
Leistung	k.A.
Stückzahl	190

Baureihe Ol49 der PKP

Als Baureihe Ol49 ist bei der PKP eine Schlepptenderlok für schnelle Personenzugdienste geführt. Wie die BR-Bezeichnung zeigt fand die Entwicklung der Lokfabrik Fablok in Chrzanów im Jahr 1949 ihren Abschluss. 1951 bis 1954 wurden insgesamt 115 Lokomotiven geliefert, 112 davon gingen an die PKP. Heute existieren in Polen davon noch 36 Stück, einige weiterhin in betriebsfähigen Zustand. Die eleganten, durch die verhältnismäßig großen Treibräder „hochbeinig" wirkenden Lokomotiven können von Bauart und Ausführung eine Verwandtschaft mit der deutschen Baureihe 23 nicht leugnen. Sie wurden vor allem für den Personenzugdienst auf Hauptstrecken eingesetzt. Durch ihre geringe Achslast (17 Tonnen) konnten die Loks problemlos auf Nebenstrecken eingesetzt werden. Dem kamen auch die guten Laufeigenschaften „Tender voraus" entgegen, wenn bei Stichbahnen die Wendemöglichkeiten fehlten. In den letzten Jahren des planmäßigen Einsatzes in den 1980ern waren die bewährten Neubauloks die Stütze des Betriebs. Schon damals war einer der Einsatzschwerpunkte Wolsztyn.

TECHNISCHE DATEN

Hersteller	Fablok
Lieferung/Indienststellung	1951–1954
Spurweite	Normalspur
Bauart	1'C1' h2
Länge über Puffer	20,7 m
Masse	83,3 t
Höchstgeschwindigkeit	100 km/h
Leistung	949 kW
Stückzahl	115

Die Baureihe Ol49 war schon während ihrer regulären Einsätze Stammgast in Wolsztyn. Auch heute noch stellen sie beim „Plandampf" die stärkste Fraktion.

213 Baureihe Pt47 der PKP

Bis in die 1980er zog die Pt47 der PKP, überwiegend in den südlichen Gebirgsregionen, Personenzüge einer Höchstgeschwindigkeit von 100 km/h auch auf den langen Steigungen. Bild: W.u.H. Brutzer

Als in den 1930er-Jahren auch in Polen der Kraftverkehr dem Schienenverkehr gefährliche Konkurrenz machte, besann man sich dort auf neue Methoden der Kostensenkung. Da es günstiger war, wenige schwere statt viele schnelle Züge verkehren zu lassen, baute man die Reihe Pt31, die nach dem Zweiten Weltkrieg als verbesserte Pt47 ihren Dienst zuverlässig verrichtete. Bis in die 1980er-Jahre zogen sie schwere Eil- und Personenzüge.

TECHNISCHE DATEN

Hersteller	Fablok, Cegielski
Lieferung/Indienststellung	1948–1951
Spurweite	Normalspur
Bauart	1'D1' h2
Länge über Puffer	24,2 m
Masse	173,0 t
Treibraddurchmesser	1.850 mm
Höchstgeschwindigkeit	100 km/h
Leistung	1.200 kW
Stückzahl	180

Baureihe Tki3 der PKP

Die Tenderlokomotiven T 9^3 der Preußischen Staatseisenbahnen wurden im Personenzug- und Güterzugverkehr eingesetzt. Insgesamt gab es 2.060 Lokomotiven der Baureihe. Bei der Deutschen Reichsbahn liefen sie als Baureihe 91^{3-18} und 91^{20}. Sie waren eine Weiterentwicklung der preußischen T 9^2, von welcher sie sich vor allem durch das Krauss-Helmholtz-Gestell unterschieden. Damit konnte die Höchstgeschwindigkeit auf 65 km/h erhöht werden. 320 Lokomotiven kamen nach 1918 zur PKP. Sie wurden von den Polen als Baureihe Tki3 eingeordnet.

Nach dem Zweiten Weltkrieg verbliebenen in Polen 240 Lokomotiven, davon waren 130 Maschinen bereits vor dem Weltkrieg in Polen. Eine Variante mit leichten Modifikationen wurde als Tik3b geführt. In Polen überlebte die Baureihe deutlich länger als in West-Deutschland.

TECHNISCHE DATEN

Hersteller	Henschel u.a.
Lieferung/Indienststellung	ab 1900
Spurweite	Normalspur
Bauart	1'C n2t
Länge über Puffer	10,7 m
Masse	46,1 t
Höchstgeschwindigkeit	65 km/h
Leistung	346 kW
Stückzahl	gesamt 2.060

Tki3-87 ist eine preußische T9^3, die 1997 die älteste betriebsfähige Lok im Bw Wolsztyn war. Hier bespannt sie bei Kopanica einen Sonderzug von Kargowa nach Wolsztyn (Polen). Bild: Christoph Oboth

215 Baureihe Tkt48 der PKP

Die Lok mit dem ungewöhnlichen Führerhaus mit abgeschrägten Stirnwänden und den kurzen Windleitblechen am Schornstein wurde ab 1948 im zentralen polnischen Konstruktionsbüro in Poznań entwickelt. Es wurden 199 Lokomotiven geliefert. Bis weit in die 1980er waren sie auf den Strecken im Riesengebirge und im Vorland der Hohen Tatra die Universallokomotiven. Hinzu kam, dass diese Maschinen ihre Höchstgeschwindigkeit von 80 km/h in beide Fahrtrichtungen nutzen konnten: Drehen unnötig.

Tkt48 121 im Depot Jaworzyna, Juni 1978

TECHNISCHE DATEN

Hersteller	Cegielski, Fablok
Lieferung/Indienststellung	1950–1957
Spurweite	Normalspur
Bauart	1'D1'
Länge über Puffer	14,2 m
Masse	98,0 t
Treibraddurchmesser	1.450 mm
Höchstgeschwindigkeit	80 km/h
Stückzahl	199

216 Baureihe Tr5 der PKP

Tr5 65 auf der Drehscheibe im Bw Wolsztyn.

Die Baureihe 56^{2-8} entstand zwischen 1934 und 1941 durch den Umbau der BR 55^{25-56} (preußische G 8^1). Insgesamt überarbeitete die Deutsche Reichsbahn 691 Dampflokomotiven. Dabei erhielten die Lokomotiven zusätzlich eine Bisselachse mit 100 mm Seitenspiel, welche eine höhere Geschwindigkeit zuließ. Dadurch war die Lok auch im Personenzugverkehr einsetzbar. Durch die geringere Achslast wurde der Einsatz auf Nebenstrecken möglich. Nach Kriegsende verblieb ein nicht unerheblicher Teil der Maschinen in Polen. Diese bekamen die PKP Reihenbezeichnung Tr5. Die Tr5 65 (ehemals 56 511) ist im Eisenbahnmuseum Wolsztyn erhalten geblieben.

TECHNISCHE DATEN

Umbau	DRB-RAWs
Lieferung/Indienststellung	1934–1941
Spurweite	Normalspur
Bauart	1'D h2
Länge über Puffer	18,3 m
Masse	74,6 t
Leistung	927 kW
Höchstgeschwindigkeit	70 km/h
Stückzahl	691

Baureihe Ty2 der PKP

217

Fahrbereite Ty2 458. Bild: W.u.H. Brutzer

Nach Kriegsende befanden sich 1.207 Lokomotiven der deutschen Baureihe 52 in Polen. Zwischen 1962 und 1964 kaufte die PKP nochmals 200 Stück in der Sowjetunion und spurte diese um. Bei der PKP erhielten die Loks die Baureihenbezeichnung Ty2. Sie bildeten das Rückgrat der neu aufzubauenden Polnischen Staatsbahn sowohl im Güterverkehr wie auch bei den Personenzügen. Sie waren bis zu den letzten Dampflok-Einsatzjahren in größerer Stückzahl vorhanden und wurden aufgrund ihrer einfachen Handhabbarkeit und Wartungsfreundlichkeit gern eingesetzt. Heute sind noch einige Maschinen museal erhalten.

TECHNISCHE DATEN

Hersteller	Floridsdorf u.a.
Lieferung/Indienststellung	1942–1945
Spurweite	Normalspur
Bauart	1'E h2
Länge über Puffer	23,0 m
Masse	84,0 t
Höchstgeschwindigkeit	80 km/h
Leistung	1.192 kW
Stückzahl	1.207

Baureihe Ty42 der PKP

218

Zu Kriegsende befanden sich etliche Lokomotiven der DRG-Baureihe 52 in den Werken in Posen und Chrzanów in der Bauphase. Diese Maschinen wurden ab 1946 fertig gestellt und als Ty2 in den Bestand eingereiht. Jetzt waren jedoch noch etliche Teile übrig, aus denen sich mit geringem Aufwand weitere zusätzliche Loks bauen ließen. Die Teile reichten für insgesamt 150 Stück. Diese Maschinen wurden bei der PKP als Baureihe Ty42 eingeordnet. Ab Anfang der 1980er bis 1993 wurden die Maschinen ausgemustert.

Ty42 87 mit einem kurzen Personenzug nahe Adamowo (Polen). Bild: D. Holz/Archiv W.u.H. Brutzer

TECHNISCHE DATEN

Hersteller	Posen, Fablok
Lieferung/Indienststellung	1945–1946
Spurweite	Normalspur
Bauart	1'E h2
Länge über Puffer	23,0 m
Masse	41,8 t
Treibraddurchmesser	1.400 mm
Höchstgeschwindigkeit	80 km/h
Leistung	1.192 kW
Stückzahl	150

219 Baureihe Ty45 der PKP

Ty45 379 wartet mit ihrem Güterzug auf ihre Abfahrt. Bild: D. Holz/Archiv W.u.H. Brutzer

Die Ty45 ist eine Weiterentwicklung der Reihe Ty37. Sie wurde zum Muster für eine zweizylindrige 1'E mit einer Achslast von 15 bis 20 Tonnen. Geändert wurde dabei in erster Linie der Führerstand. PKP erhielt 428 Lokomotiven, 20 gingen an verschiedene Industrieunternehmen wie die Sandbahn in Schlesien. Die Ty45 wurden als schwere Güterzugloks eingesetzt. Allerdings machte der Kesseldruck Probleme, dies führte zu Druckabfall und verringerter Leistung.

TECHNISCHE DATEN

Hersteller	Fablok u.a.
Lieferung/Indienststellung	1946–1951
Spurweite	Normalspur
Bauart	1'E h2
Länge über Puffer	22,4 m
Masse	111,2t
Höchstgeschwindigkeit	75 km/h
Leistung	1.264 kW
Stückzahl	448

220 Baureihe Ty5 der PKP

Viele Lokomotiven der DRG-Baureihe 50 waren im besetzten Polen im Einsatz und blieben bei Kriegsende dort. Die sowjetischen Besatzer verzichteten wegen der unterschiedlichen Spurweite auf einen Abtransport. Diese Maschinen ergänzten den Bestand der neu aufzubauenden PKP und wurden dort als Ty5 eingereiht. Etliche Exemplare bewährten sich und blieben bis weit in die 1970er-Jahre im Einsatzbestand, die Baureihe als solche wurde aber schon früh zahlenmäßig von den Ty 2 (DRG 52) und dem polnischen Neubau Ty51 überrundet. Einige besonders gepflegte Exemplare erhielten auf ihre alten Tage sogar noch große Windleitbleche.

Die Ty5 (entsprechend der DRG-Baureihe 50) im Betriebswerk Poznań (Polen).

TECHNISCHE DATEN

Hersteller	Henschel u.a.
Lieferung/Indienststellung	1939–1958
Spurweite	Normalspur
Bauart	1'E h2
Länge über Puffer	22,9 m
Masse	86,9 t
Höchstgeschwindigkeit	80 km/h
Leistung	1.625 kW
Stückzahl	gesamt 3.164

221

Baureihe Ty51 der PKP

Die Ty51 der PKP wurde als Dampflokomotive für den schweren Güterzugverkehr konstruiert und gebaut. Als Vorlage der 1951 entwickelten Lok diente die schwere amerikanische Kriegsgüterzuglok Ty246. Bei der Konstruktion versuchte man die neue Baureihe leichter, aber mit ähnlicher Zugkraft ausgestattet zu bauen. 242 Lokomotiven wurden zwischen 1953 und 1958 in den Poznańer Cegielski-Werken gebaut. 1958 wurde mit der Ty51 232 als letzter Lokomotive der Dampflokomotivbau für die polnische Staatsbahn eingestellt.

Ty51 223. Bild: D. Gulowaty/Archiv W.u.H. Brutzer

TECHNISCHE DATEN

Hersteller	Cegielski
Lieferung/Indienststellung	1953–1958
Spurweite	Normalspur
Bauart	1'E
Länge über Puffer	23,0 m
Masse	110,0 t
Höchstgeschwindigkeit	80 km/h
Leistung	1.590 kW
Stückzahl	242

222

Baureihe Px48 der PKP

Nach dem Zweiten Weltkrieg bestand für die verschiedenen polnischen Schmalspurnetze ein großer Bedarf an Zugmaschinen. Fablok begann 1948 mit der Konstruktion einer geeigneten Lok. Grundlage war die Baureihe Px29, die ab 1929 gebaut wurde. Allerdings wurden die Lokomotiven mit vierachsigem Schlepptender konzipiert und erhielten große Vorratsbehälter. Von 1950 bis 1955 wurden 93 Px48 für die PKP und 18 weitere Px48 für Industriebahnen gebaut, teilweise auch in der Spurweite 785 mm.

Px48 1907. Bild: C. Völk/Archiv W.u.H. Brutzer

TECHNISCHE DATEN

Hersteller	Fablok
Lieferung/Indienststellung	1950–1955
Spurweite	750, 785 mm, Meterspur
Bauart	D
Länge über Puffer	12,8 m
Masse	22,0 t
Treibraddurchmesser	750 mm
Höchstgeschwindigkeit	35 km/h
Stückzahl	111

223 Baureihe 01 der CP

Die Henschel-Lokomotive 01 86 ist eine der wenigen erhaltenen Maschinen einer kleinen Breitspurserie, die nach Portugal geliefert wurde. Sie war bis zum Ende des Breitspurdampfs in den 1970ern im Norden des Landes im Einsatz. Später war sie, noch in den letzten Jahren, im Touristenverkehr im Dourotal eingesetzt. Der Zug verkehrte über Pinhão zum Endpunkt der Strecke in Tua. Dank noch vorhandener Drehscheiben in Régua und Tua verkehrte die Lok in beiden Richtungen Rauchkammer voraus.

01 86 bei Alegria (Portugal). Bild: M. Kißler/Archiv W.u.H. Brutzer

TECHNISCHE DATEN

Hersteller	Henschel
Lieferung/Indienststellung	1925
Spurweite	1.676 mm
Bauart	1'D2' h2t
Länge über Puffer	k.A.
Masse	k.A.
Höchstgeschwindigkeit	k.A.
Leistung	k.A.
Stückzahl	6

224 Baureihe E der CP

Dampflok E 211 der CP (Chemins de Fer de Provence) bei Puget (Frankreich).

Der Verein GECP betreibt den Dampfzug „Train des Pignes“ auf der französischen Schmalspurstrecke Nizza–Digne. Dieser Verein hat in den 1980er-Jahren von der CP eine der portugiesischen 1’B’C-Mallets erworben. Ende der 1990er-Jahre musste sie mit Fristablauf abgestellt werden, die erneute Aufarbeitung wurde in Angriff genommen. Seit 2011 ist sie nach mehrjähriger Pause frisch überholt und steht wieder im Einsatz. Seither begeistert die Mallet bei zahlreichen Sonderzug-Einsätzen die in- und ausländischen Dampflokfreunde.

TECHNISCHE DATEN

Hersteller	Henschel
Lieferung/Indienststellung	1911–1923
Spurweite	Meterspur
Bauart	1'BC n4vt
Länge über Puffer	k.A.
Masse	k.A.
Höchstgeschwindigkeit	k.A.
Stückzahl	16

Baureihe 140.100 der C.F.R. 225

Nach dem Ersten Weltkrieg erhielt Rumänien aus Beständen der US-Armee 15 Dampfloks, um den Mangel an Lokomotiven im Land zu beheben. Sie bewährten sich so gut , dass die C.F.R.

140 117. Bild: M. Kißler/Archiv W.u.H. Brutzer

noch 50 weitere Exemplare bei den beiden amerikanischen Firmen Baldwin und ALCO in Auftrag gab. Heute existiert nur noch Lok 140 117, die dem Lokmuseum in Sibiu gehört und in betriebsfähigem Zustand gehalten wird.

TECHNISCHE DATEN

Hersteller	Baldwin, ALCO
Lieferung/Indienststellung	1918–1920
Spurweite	Normalspur
Bauart	1'D h2
Länge über Puffer	20,4 m
Masse	74,1 t
Treibraddurchmesser	1.414 mm
Höchstgeschwindigkeit	75 km/h
Stückzahl	65

Baureihe 142 der C.F.R. 226

Der Vorstand der BBÖ beschloss 1927 die Unterbrechung der laufenden Elektrifizierung. Daher mussten für die Westbahn neue Dampflokomotiven geordert werden, sie sollte zwischen Wien und Salzburg auch mit schweren Schnellzügen die Fahrzeiten der Elloks erreichen. Die Floridsdorfer Lokomotivfabrik lieferte insgesamt zwölf Lokomotiven. Die Lokfabrik Reşiţa in Rumänien erwarb die Genehmigung zum Nachbau und lieferte 79 Stück mit geringfügigen Änderungen an die C.F.R. als Baureihe 142.

TECHNISCHE DATEN

Hersteller	Floridsdorf
Lieferung/Indienststellung	1928–1936
Spurweite	Normalspur
Bauart	1'D2' h2
Länge über Puffer	22,6 m
Masse	118,0/123,5 t
Höchstgeschwindigkeit	110/120 km/h
Leistung	2.162 kW
Stückzahl	79

Bullig: 142 der C.F.R.. Bild: W.u.H. Brutzer

227 Baureihe 230 der C.F.R.

230 299 unweit des rumänischen Örtchens Cosbuc. Bild: M. Kißler/Archiv W.u.H. Brutzer

Von den nach dem Ersten Weltkrieg abgebenen 627 Exemplare der preußischen Länderbahn-Baureihe P 8 erhielt Rumänien 18 Stück. Zuvor waren bereits 1921 von den Firmen Hanomag, Henschel und die BMAG 75 Exemplare geliefert worden. Zudem waren weitere 18 Stück 1926 von der Deutschen Reichsbahn gekauft wurden. 1930 lieferten Henschel und BMAG noch einmal 20 Maschinen an die C.F.R.. 1932 begann ein lizenzierte Nachbau der P 8 in den beiden einheimischen Lokomotivwerken von Malaxa (91 Stück) und Reşiţa (139 Stück). Die Baureihenbezeichnung C.F.R. 230 galt für alle Maschinen, unabhängig vom Produktionsort.

TECHNISCHE DATEN

Hersteller	BMAG u.a.
Lieferung/Indienststellung	1906–1930
Spurweite	Normalspur
Bauart	2'C h2
Länge über Puffer	18,6 m
Masse	76.7 t
Höchstgeschwindigkeit	100 km/h
Leistung	868 kW
Stückzahl	361

228 Baureihe 231 der C.F.R.

Betriebsfähige Lok 231.065. Bild: W.u.H. Brutzer

Die Dampflokomotiven der C.F.R. Baureihe 231 wurden von 1913 bis 1923 von der rumänischen Staatsbahn Căile Ferate Române (C.F.R.), orientiert am Vorbild der Bayerischen S 3/6 bei den deutschen Herstellern Maffei und Henschel beschafft. Sie waren die schnellsten bei der C.F.R. eingesetzten Dampflokomotiven und über Jahrzehnte das Rückgrat im schnellen Personenverkehr. Die Loks waren bei ihren Personalen hoch geschätzt und wurden vielfach prächtig herausgeputzt. Zwei Loks sind erhalten geblieben (231.050 und 231.065).

TECHNISCHE DATEN

Hersteller	Maffei, Henschel
Lieferung/Indienststellung	1913–1923
Spurweite	Normalspur
Bauart	2'C1' h4
Länge über Puffer	20,8/21,0 m
Masse	89,0 t
Treibraddurchmesser	1.855 mm
Höchstgeschwindigkeit	126 km/h
Stückzahl	90

Baureihe 50.100 der C.F.R.

Nach dem Ersten Weltkrieg gelangten die ersten Güterzugloks der preußischen Gattung G 10 nach Rumänien. Es folgte eine ganze Reihe weiterer Maschinen, die teils in Deutschland, teils in Österreich produziert wurden. Ab 1926 wurden in Rumänien Dampfloks gebaut, die sich eng an die Konstruktion der G 10 anlehnten und lediglich einige betriebsbedingte Änderungen erfuhren. Sie bildeten die Baureihe 50.100 der C.F.R., die insgesamt 804 Exemplare umfasste. Sie bewährten sich hervorragend und waren im ganzen Land anzutreffen. Auf Steilstrecken diente sie mitunter auch als Schiebelok für Personenzüge. Die letzten Maschinen waren bis Ende der 1980er-Jahre im Dienst.

Heute sind von dieser einst häufig anzutreffenden Baureihe nur noch zwei Loks zu besichtigen: 50.378 ist im Lokomotivmuseum von Reşiţa ausgestellt, 50.497 steht in Predeal. Einige andere Exemplare sind in meist schlechtem Zustand abgestellt.

TECHNISCHE DATEN

Hersteller	Reşiţa, Malaxa
Lieferung/Indienststellung	1926–1944
Spurweite	Normalspur
Bauart	E h2
Länge über Puffer	18,9 m
Masse	74,7 t
Treibraddurchmesser	1.400 mm
Höchstgeschwindigkeit	60 km/h
Stückzahl	520 (in Rumänien gebaute)

50.451 vor dem Stationsgebäude in Reghin in Rumänien. Bild: M. Kißler /Archiv W.u.H. Brutzer

230 Baureihe 764 der C.F.R.

Lok „Cozia 1" der rumänischen Baureihe 764.

Zwischen 1906 und 1914 begann der Bau von Einheitsloks für die Waldbahnen. Es kamen zunächst 31 Lokomotiven des Typs 70 zur MÁV. Nachdem Ersten Weltkrieg wurden die Lokomotiven der Baureihe in den Nachfolgestaaten Rumänien, Tschechoslowakei, Polen, Italien und Jugoslawien verteilt. Ab 1938 wurden wegen des erhöhten Bedarfs weitere Serien aufgelegt. Ein Großteil dieser Lokomotiven verblieb ab 1944 bei den C.F.R.. Insgesamt 120 Lokomotiven wurden bis 1958 in Reşiţa hergestellt.

TECHNISCHE DATEN

Hersteller	MAVAG, Reghin, Reşiţa
Lieferung/Indienststellung	1986
Spurweite	760 mm
Bauart	D n2t'
Länge über Puffer	7,5 m
Masse	22,0/24,8 t
Treibraddurchmesser	750 mm
Höchstgeschwindigkeit	30 km/h
Leistung	290 kW
Stückzahl	gesamt 284

231 764 211

Lok „Mariuta" der Wassertalbahn.

Die ursprünglich von Orenstein & Koppel gebaute Waldbahn-Dampflok „Mariuta" hatte es irgendwie ins Wassertal verschlagen, bevor in den ersten Jahren des neuen Jahrtausends dort der Tourismus einzog. Mit der zunehmenden Gästezahl stieg der Bedarf an einsatzfähigen Dampfloks. Daher entschloss man sich vor Ort, mithilfe der gutausgestatteten Werkstatt und externer Unterstützung faktisch einen Neuaufbau zu wagen und war erfolgreich. Seit zehn Jahren dampft „Mariuta" wieder im Wassertal.

TECHNISCHE DATEN

Hersteller	O&K
Lieferung/Indienststellung	1910
Spurweite	760 mm
Bauart	k.A.
Länge über Puffer	k.A.
Masse	k.A.
Höchstgeschwindigkeit	80 km/h
Leistung	k.A.
Stückzahl	15

232

Baureihe E

Die meistgebaute Dampflok der Welt ist die russische Baureihe E, von der rund 11.000 Stück hergestellt wurden. Im Produktionszeitraum von 1912 bis 1957 ließ die Sowjetunion die Lokomotiven nicht nur im eigenen Land bauen, sondern verlagerte die Produktion – bedingt durch die Revolution im Jahre 1917 oder andere später auftretende Umstände – zeitweise auch nach Deutschland, Ungarn, Rumänien und Schweden (500 Stück bei Nydquist & Holm). Ein wichtiger Vorteil dieser Güterzugloks war die geringe Achslast von nur 16,2 t, die ihren Einsatz auch auf schlechten Nebenstrecken ermöglichte. Im Laufe der Jahre wurden einige Variationen hergestellt, die technische Verbesserungen aufnahmen. Das betraf zum Beispiel die Größe der Rostfläche der Heißdampflok. Noch lange Jahre nach dem Baustopp konnte man Exemplare der Baureihe E auf Russlands Schienen beobachten.

Von der russischen Klasse E wurden knapp 11.000 Exemplare gebaut! Bild: Sammlung Udo Paulitz

TECHNISCHE DATEN

Hersteller	Lugansk u.a.
Lieferung/Indienststellung	1912–1957
Spurweite	1.520 mm
Achsfolge	E
Länge über Puffer	21,9 m
Masse	85,0 t
Höchstgeschwindigkeit	65 km/h
Leistung	1.104 kW
Stückzahl	11.000

▶ Wussten Sie schon?
Die russische E wurde auch bei Firmen in Deutschland gebaut. Man erkannte sie an der Bezeichnung „E^{r}“.

In Deutschland wurde eine Variante „E^{r}“ gebaut. Der Buchstabe, der wie ein „r“ aussieht, ist ein kyrillisches „G“, das für Deutschland steht. Bild: Sammlung Udo Paulitz

233

Baureihe FD

Dem sowjetischen Funktionär Felix Dscherschinski zu Ehren wurde die ab 1931 in Russland gebaute Baureihe mit der Bezeichnung „FD" geführt. Das großangelegte Industrialisierungsprogramm Stalins erforderte immer mehr Lokomotiven, um dem erhöhten Transportaufkommen gerecht werden zu können. Die auch in den frühen Kriegsjahren gebaute Lok wurde ähnlich wie die deutsche Baureihe 52 in hoher Stückzahl produziert (mehr als 3.000 Exemplare). Zahlreiche Bauteile, wie der Barrenrahmen und die mechanische Heizung, stammten aus den USA. In den frühen 1960er-Jahren schließlich wurden ungefähr 1.250 Stück dieser Lokomotiven nach China exportiert, die dort als chinesische Baureihe FD geführt wurden. Damit gehört die FD neben den Serien S, L und E zu den meistgebauten Loks in Russland.

TECHNISCHE DATEN

Hersteller	Lugansk
Lieferung/Indienststellung	1931–1942
Spurweite	1.520 mm
Achsfolge	1'E1'
Länge über Puffer	15,9 m
Masse	137,0 t
Höchstgeschwindigkeit	82 km/h
Leistung	2.900 kW
Stückzahl	3.211

Die beiden Loks FD20-2714 und SO17-3146 bei Kazanka (Ukraine). Bild: W.u.H. Brutzer

L-3055 und L-4600 in Bakhmach in der Ukraine. Bild: W.u.H. Brutzer

Baureihe L

234

Neben der Reihe E gehörte die L zu den meistgebauten Loks in Russland und bildete dort den Grundbestand an Dampflokomotiven. Nach den Entwürfen des Konstrukteurs L. C. Lebedyanski wurden in Kolomna, Bijansk und Lugansk in nur zehn Jahren rund 4.200 Einheiten produziert. Da ihre Achslast höchstens 18 t betrug, konnte die Zweizylinderlok auch auf Nebenstrecken eingesetzt werden. Sie wurde jedoch vor allem als Hauptstrecken-Güterlok verwendet und verfügte als erste russische Lok über sogenannte Boxpok-Räder. Sie wurde noch bis ins Jahr 1975 eingesetzt, also gut zehn Jahre vor der Massenverschrottung der Dampfloks. Ein Exemplar dieses Typs kann heute im estnischen Tapa besichtigt werden.

TECHNISCHE DATEN

Hersteller	Lugansk, Kolomna, Bijansk
Lieferung/Indienststellung	1945–1955
Spurweite	1.520 mm
Bauart	1'E
Länge über Puffer	23,6 m
Masse	103,0 t
Höchstgeschwindigkeit	90 km/h
Leistung	1.648 kW
Stückzahl	4.200

235 Baureihe P 36

P36-0050 bei Jablonez unterwegs im Februar 1995. Bild: W.u.H. Brutzer

In der Sowjetunion war die Eisenbahn ein sehr wichtiges Verkehrsmittel, das nicht nur half, das unendliche asiatische Hinterland zu erschließen, sondern das auch angesichts des beschränkten Individualverkehrs für viele die einzige Möglichkeit des Reisens war. Die Schnellzuglok der Reihe P 36 war eine Dampflok, die in Moskau gebaut wurde. Sie hatte die Aufgabe, den Transsibirien-Express auf der nicht elektrifizierten Strecke zu führen. Die Spitzengeschwindigkeit dieser Loks lag bei 120 km/h. Erste Planungen für die Lok waren bereits 1947 erfolgt. Bis 1952 wurden ausgiebige Tests unternommen, ehe die erste P 36 1953 in den betrieblichen Einsatz ging. Sie fuhr bis in die 1970er-Jahre und wurde dann ausgemustert.

Wussten Sie schon?

Mehrere Loks dieser Baureihe sind noch erhalten, so die erste Lok in Moskau und ein Exemplar in Prora auf Rügen.

TECHNISCHE DATEN

Hersteller	Kolomna
Lieferung/Indienststellung	1953–1955
Spurweite	1.520 mm
Achsfolge	2'D2'
Länge über Puffer	29,8 m
Masse	149,0 t
Treibraddurchmesser	1.850 mm
Höchstgeschwindigkeit	120 km/h
Leistung	k.A.
Stückzahl	252

236

Baureihe S/Su

SU251-86. Bild: M. Kißler/Archiv W.u.H. Brutzer

Die Lokomotiven der Baureihe S wurden vorwiegend für den Reisezugdienst eingesetzt. Diese Baureihe wurde von russischen Professoren den Vorgaben des kaiserlichen Ministeriums folgend entworfen und in den Sormowo-Werken in Nischi Nowgorod ab 1911 gebaut. Mit mehr als 3.700 Exemplaren war sie zahlenmäßig die vermutlich am stärksten vertretene Lokomotive für den Reisezugdienst. Ab 1926 wurde eine verstärkte Version („Su“, auf russisch „Cy“) in den Kolomna-Werken in Moskau gefertigt.

TECHNISCHE DATEN

Hersteller	Sormowo, Kolomna u.a.
Lieferung/Indienststellung	1911–1951
Spurweite	1.520 mm
Achsfolge	1'C1'
Länge über Puffer	23,3 m
Masse	86,0 t
Höchstgeschwindigkeit	115 km/h
Leistung	1.177 kW
Stückzahl	3.750

237

Baureihe SU252

Die Baureihe SU 252 war eine Weiterentwicklung der bewährten Reihe C. 1947–1951 wurden aufgrund des riesigen Lokomotivmangels nochmals 411 Lokomotiven nachgebaut. Sie hielten sich auf der Mehrheit der Strecken bis zum Ende der 1960er-Jahre und galten als mit die am besten gelungenen Dampfloks der SŽD. Etliche Lokomotiven dieser Baureihe existieren noch heute, darunter mindestens vier betriebsfähige Maschinen.

TECHNISCHE DATEN

Hersteller	Brjansk u.a.
Lieferung/Indienststellung	1924–1941; 1947–1951
Spurweite	1.524 mm
Achsfolge	1'C1' h2
Länge über Puffer	13,4/13,6 m
Masse	83,3/88,8 t
Treibraddurchmesser	1.850 mm
Höchstgeschwindigkeit	115 km/h
Leistung	1.380/1.565 kW
Stückzahl	2.683

SU252-21 unter Dampf. Bild: W.u.H. Brutzer

238 Baureihe B (I)

Beyer, Peacock & Co. in Manchester, England fertigte 1856 für Schweden die ersten sechs Lokomotiven dieser Baureihe. Die Loks verfügten über außenliegende Zylinder, der Treibraddurchmesser betrug 1.684 mm. Die ersten sechs Lokomotiven hatten bei der Lieferung kein Führerhaus, später bekamen sie ein einfaches Führerhaus aus Holz. Letztlich wurden 45 Lokomotiven gefertigt. Beyer, Peacock & Co. lieferte 23, die weiteren Loks kamen aus Schweden. 1876 wurden sie als Baureihe B bezeichnet. Bis 1909 wurden alle Loks ausgemustert.

TECHNISCHE DATEN

Hersteller	BP, NOHAB, Motala, Nyköpings Mekaniska
Lieferung/Indienststellung	1856–1872
Spurweite	Normalspur
Achsfolge	1B
Länge über Puffer	12,7 m
Masse	30,5 t
Treibraddurchmesser	1.684 mm
Höchstgeschwindigkeit	60 km/h
Stückzahl	45

Lok Caroline. Bild: M. Kißler/Archiv W.u.H. Brutzer

239 Baureihe B (II)

Lok Nr. 1143. Bild: M. Kißler/Archiv W.u.H. Brutzer

Aus der Baureihe A (II) entwickelten schwedische Ingenieure eine 2’C h2, welche die SJ als Baureihe B (II) einstufte. Zwischen 1909 und 1919 wurden 96 Loks an die SJ geliefert, von NOHAB und Motala Verkstad. Sie wurden sowohl vor Personen- als auch vor Güterzügen eingesetzt. Als die SJ in den 1930er-Jahren begann, ihre Hauptstrecken zu elektrifizieren, wurden die überschüssigen Dampfloks an Privatbahnen abgegeben. Als diese später verstaatlicht wurden, gelangten sie auf dem „kleinen Dienstweg“ wieder zur SJ.

TECHNISCHE DATEN

Hersteller	NOHAB, Motala Verkstad
Lieferung/Indienststellung	1908–1919; 1943–1944
Spurweite	Normalspur
Bauart	2’C h2
Länge über Puffer	17,6/19,5 m
Masse	103,0/117,0 t
Treibraddurchmesser	1.750 mm
Höchstgeschwindigkeit	90 km/h
Stückzahl	99

Baureihe CC

240

Nr. 404 in Gävle. Bild: M. Kißler/Archiv W. u.H. Brutzer

Ab dem August 1862 wurde ein direkter Schnellzug zwischen Stockholm und Göteborg eingesetzt. Für die höhere Geschwindigkeiten und die schwereren Züge wurde nach mehreren Zwischenschritten die Baureihe CC entwickelt. Die erste Lieferung kam von Nydqvist & Holm in Trollhättan (NOHAB). Diese lieferte 1892 drei Lokomotiven, als 403 bis 405 nummeriert, noch im selben Jahr folgten nochmals sieben Lokomotiven. Weitere Chargen wurden von NOHAB und den Motala-Werken von 1896 bis 1905 ausgeliefert. Die Gesamtzahl der Baureihe CC kam auf 84 Lokomotiven.

TECHNISCHE DATEN

Hersteller	NOHAB, Motala
Lieferung/Indienststellung	1892
Spurweite	Normalspur
Achsfolge	2'B
Länge über Puffer	15,3 m
Masse	41,1 t
Treibraddurchmesser	1.880 mm
Höchstgeschwindigkeit	90 km/h
Stückzahl	84

Baureihe E2

241

In den Jahren 1907 bis 1920 bezog die SJ 130 Dampflokomotiven der Baureihe E (II). Sie besaßen als erste einer Baureihe Zylinder im Inneren des Rahmens. Der Kessel wurde mit Überhitzer ausgestattet. Die Lokomotiven erhielten bei der Lieferung einen dreiachsigen Tender. Als später eine größere Reichweite gefragt war, wurden mehrere Exemplare der Baureihe mit einem vierachsigen Tender ausgestattet. Zwischen 1935 und 1951 wurden 90 Lokomotiven mit einer führenden Laufachse ausgerüstet und bekamen die neue Baureihenbezeichnung E2, behielten jedoch ihre alte Nummer.

Nr. 979. Bild: M. Kißler/Archiv W.u.H. Brutzer

TECHNISCHE DATEN

Hersteller	NOHAB u.a.
Lieferung/Indienststellung	1907–1920
Spurweite	Normalspur
Bauart	1'D h2
Länge über Puffer	17,6 m
Masse	57,5 t
Treibraddurchmesser	1.388 mm
Höchstgeschwindigkeit	70 km/h
Stückzahl	130

Die schwedische Pazifiklok Nr. 1200 wird im sehenswerten Museums-Depot Gävle am 8. Augsut 2006 für den nächsten Einsatz gedreht. Bild: M. Kißler/Archiv W.u.H. Brutzer

242

Baureihe F (II)

Das schwedische Eisenbahnnetz wurde 1909 durch die Fährverbindung Sassnitz–Trelleborg direkt an Festland-Europa angeschlossen. Daraufhin stiegen die Zuglasten auf der Strecke nach Stockholm deutlich an. Die Loks der Baureihe SJ A wurden den Anforderungen der hochwertigen Reisezugleistungen nicht mehr gerecht. Als Modell des Nachfolge-Typs wurde eine Vierzylinder-„Pacific" (Achsfolge 2'C1') gewählt. Die Lokomotiven der Baureihe F wurden ab 1914 gebaut. Insgesamt stellte die SJ elf Schnellzug-Dampfloks in Dienst.

Die Lokomotiven bekamen die Nummern 1200–1209 und 1271. Charakteristische Merkmale der schwedischen Konstruktion waren eine schlanke Kabine mit Holzrahmen, einem spitzen Rauchkammertür, eine gekippte Anordnung der Zylinder und der äußere Rahmen der Drehgestelle. Die Lokomotiven zeigten exzellente Laufeigenschaften, auch bei Höchstgeschwindigkeit, und gute Zugleistung an Steigungen. Zwei Loks sind heute in Gävle zu sehen.

TECHNISCHE DATEN

Hersteller	NOHAB
Lieferung/Indienststellung	1914–1916
Spurweite	Normalspur
Bauart	2'C1' h4v
Länge über Puffer	21,3 m
Masse	142,8 t
Treibraddurchmesser	1.880 mm
Höchstgeschwindigkeit	90 km/h (100 km/h in Dänemark)
Leistung	1.140 kW
Stückzahl	11

Ed 2/2 der Gotthardbahn

243

Die Schweiz hatte 1882 mit dem Gotthardtunnel ein Meisterwerk der Technik errichtet. Jetzt konnten Güterzugtransporte hier über die Alpen geschafft werden. Die Gotthardbahn hatte noch während der Bauzeit bei der Schweizerischen Lokomotiv- und Maschinenfabrik Winterthur kleine, aber kräftige Zweikuppler beschafft. Diese waren meist in Doppeltraktion unterwegs und konnten Züge bis 100 t über die Gotthardstrecke ziehen. Meistens aber waren sie bis zu ihrer Ausmusterung 1915 im Rangierdienst tätig.

Der B-Kuppler Ed 2/2. Bild: Sammlung Udo Paulitz

TECHNISCHE DATEN

Hersteller	SLM Winterthur
Lieferung/Indienststellung	1874, 1883
Spurweite	Normalspur
Achsfolge	B
Länge über Puffer	6,89 m
Masse	30,0 t
Treibraddurchmesser	1.330 mm
Höchstgeschwindigkeit	50 km/h
Stückzahl	6

„Limmat“

244

Die erste Bahnstrecke in der Schweiz wurde erst spät, im Jahr 1847, eröffnet. Die ersten vier gelieferten Loks, darunter auch die „Limmat“, stammten aus Deutschland und waren von Emil Kessler entworfen worden. Dieser wiederum hatte sich von amerikanischen Vorbildern inspirieren lassen, wie unschwer an der charakteristischen Achsfolge (2A) zu erkennen ist. Sie fuhr bis 1866 bei der Schweizerischen Nordbahn und wurde dann umgebaut. Erst 1882 wurde sie ausrangiert.

„Limmat“ aus der Schweiz, Rekonstruktion der alten Lokomotive. Bild: Sammlung Udo Paulitz

TECHNISCHE DATEN

Hersteller	Emil Kessler
Lieferung/Indienststellung	1847
Spurweite	Normalspur
Achsfolge	2A
Länge über Puffer	11,6 m
Masse	35,0 t
Treibraddurchmesser	1.530 mm
Höchstgeschwindigkeit	40 km/h
Leistung	125 kW
Stückzahl	1

245 Baureihe H 2/3 der BRB

Die Loks der BRB sind auf die starke Steigung ausgelegt, in der Ebene wie hier im Depot in Brienz wirkt die Neigung irritierend.

Am Brienzer Rothorn sind immer noch die historischen, mittlerweile deutlich über 100 Jahre alten Dampfloks der ersten Generation im Einsatz. Da sie längere Umlaufzeiten haben als die modernen Loks, werden sie nur für besondere Umläufe und Verstärkungszüge außerhalb des Fahrplans eingesetzt. In den Jahren 1935/36 wurden die Maschinen umfangreichen Modernisierungen unterzogen, unter anderem der Umrüstung auf Heißdampf. 1990 wurden die verbliebenen kohlegefeuerten Loks auf Stückkohle (statt wie bisher Briketts) umgebaut.

Ende der 1980er-Jahre erkannte die Brienzer Rothornbahn (BRB), dass die vorhandenen Dampflokomotiven in absehbarer Zeit an das Limit ihrer sinnvollen Lebensdauer kommen würden. Gleichzeitig bestand eigentlich damals schon Bedarf an weiteren Loks. Aber es wurde richtig eingeschätzt (und es gab bereits entsprechende Erfahrungswerte), dass der Einsatz von Dieselloks von den Fahrgästen als deutlich weniger attraktiv angesehen wird. Daher entschloss sich die BRB, nach alten Plänen unter Zuhilfenahme moderner Technik vier Neubaulokomotiven bei SLM zu bestellen. Weitere Loks gingen an die Rigibahn und die Schafbergbahn in Österreich. Die Loks wurden parallel mit Tests an einer umgebauten Lok der BR 52 entwickelt und ab 1992 ausgeliefert. Entstanden ist eine Dampflokomotive auf dem neuesten Stand der Technik in altem Design, die mit allen verfügbaren Brennstoffen (aktuell: Heizöl) einfachst zu bedienen ist.

Durch die moderne Befeuerungsart entfällt der Heizer. Mittels eines zusätzlichen elektrischen Vorheizgerät kann die Maschine unbeaufsichtigt auf 10 bar Kesseldruck gebracht werden und ist damit in zehn Minuten einsatzbereit. Die Maschine kann im Zweistunden-Takt eingesetzt werden.

TECHNISCHE DATEN

Hersteller	SLM Winterthur
Lieferung/Indienststellung	1891–1892, ab 1992
Spurweite	Schmalspur (800 mm)
Achsfolge	2zz1'
Länge über Puffer	6,0 m
Masse	17,0 t
Höchstgeschwindigkeit	9 km/h
Leistung	170 kW
Stückzahl	5 (ohne Neubau-Loks)

Baureihe H 2/3 der BRB; Rigi

Dass der Bau von Dampfloks noch in den 1990er-Jahren stattfand, verdanken wir den Touristen, die der schweizerischen Brienz-Rothorn-Bahn (BRB) davonliefen, als man die alten Dampfloks durch Dieselmaschinen ersetzte. Die Loks wurden in geschweißter Leichtbauweise mit Ölfeuerung für den Einmannbetrieb gebaut. Neben der BRB beschafften auch die Rigi-Bahn und die Schafbergbahn in Österreich diese Lokomotiven. Der Hersteller SLM hat sich natürlich einige technische Finessen einfallen lassen, die den Betrieb maßgeblich erleichtern. So erfolgt das Vorheizen elektrisch, ist somit schneller und entwickelt weniger Rauch. Der Heizkessel ist isoliert.

H 2/3 der Schafbergbahn. Bild: Tobias B. Köhler/(1)

TECHNISCHE DATEN

Hersteller	SLM Winterthur
Lieferung/Indienststellung	1992
Spurweite	Schmalspur (800 mm)
Achsfolge	2zz1'
Länge über Puffer	6,3 m
Masse	15,7 t
Höchstgeschwindigkeit	12 km/h
Leistung	300 kW
Stückzahl	7

Die Neubaulok 12 der BRB fasst unterwegs Wasser für die nächste Steigungsetappe.

247 Baureihe HG 3/4 der FO

Lok 9 der als Museumsbahn reaktivierten Dampfbahn Furka Bergstrecke (DFB) in Gletsch (Schweiz).

Die Loks der FO waren fast alle nach der Ausmusterung in der Schweiz nach Vietnam verkauft worden. Acht der ehemals dreizehn Loks konnten noch gefunden werden. Je zwei HG 3/4 und HG 4/4 stellten sich als verwertbar dar. Im März 1990 wurde nach langen Verhandlungen der Kaufvertrag geschlossen. Die Maschinen wurden aufwendig nach Deutschland transportiert. In Meinigen erfolgte die Wieder-Inbetriebsetzung, die teilweise einem Neubau gleichkam.

TECHNISCHE DATEN

Hersteller	SLM Winterthur
Lieferung/Indienststellung	1913–1914
Spurweite	Meterspur
Bauart	1'C zzh2
Länge über Puffer	8,8 m
Masse	42,0 t
Höchstgeschwindigkeit	45 km/h (Zahnrad: 20 km/h)
Leistung	440 kW
Stückzahl	10

248 Baureihe G 4/5 der SBB

Lok der RhB überquert den Rhein.

Die Äthiopische Eisenbahn bestellte 1902 bei der SLM zwei Lokomotiven. Mit einem Exemplar fanden auf der Rhätischen Bahn höchst positiv bewertete Probefahrten statt. Dies führte dazu, dass der Vorstand der RhB vier baugleiche Loks dieser Bauart bei der SLM orderte. Diese wurden zwischen Juni und August 1904 mit den Betriebsnummern 101 bis 104 geliefert. Der weiter zunehmende Verkehr führte 1906 zum Kauf von vier weiteren G 4/5 mit höherer Leistung. Die Loks 107 und 108 wurden erstmalig mit Heißdampf ausgerüstet. 21 weitere Lokomotiven in fünf Serien folgten bis 1915. 107 und 108 fanden ihr Gnadenbrot als stromunabhängige Reserve. Sie sind bis heute als betriebsfähige Museumsloks erhalten.

TECHNISCHE DATEN

Hersteller	SLM Winterthur
Lieferung/Indienststellung	1904–1915
Spurweite	Meterspur
Bauart	1'D h2
Länge über Puffer	14,0/13,2 m
Masse	58,9/69,7 t
Höchstgeschwindigkeit	45 km/h
Leistung	323/588 kW
Stückzahl	29

249

Baureihe Ae 3/5 der SBB

Ae 3/5 705 der SBB im Einsatz.

Ursprünglich hatte die Jura-Simplon-Bahn (JS) die Baureihe A 3/5 bestellt. Allerdings wurden nur zwei Maschinen noch im Jahr 1902 geliefert. Nach der Verstaatlichung 1903 übernahmen die SBB diese und bestellten über hundert Lokomotiven nach. Die Baureihe kam schließlich auf 111 Exemplare. Für die damaligen Schweizer Verhältnisse wurde eine beachtliche Höchstgeschwindigkeit von 100 km/h erreicht. Bei den verschiedenen Bauserien gab es immer wieder einzelne Verbesserungen wie Einführung der Überhitzung im Dampflokomotivbau oder eine verbesserte Schmierung ersetzt.

TECHNISCHE DATEN

Hersteller	SLM Winterthur
Lieferung/Indienststellung	1902–1909
Spurweite	Normalspur
Bauart	2'C n4v
Länge über Puffer	18,6 m
Masse	106,0 t
Höchstgeschwindigkeit	100 km/h
Leistung	1.000 kW
Stückzahl	111

250

Baureihe C 5/6 der SBB

Die Schweizerische Lokomotiv- und Maschinenfabrik Winterthur SLM konstruierte die C 5/6 für den schweren Güterzugdienst am Gotthard. Mit einer Geschwindigkeit von 26 km/h konnte sie 320-t-Züge bergauf ziehen. Aufgrund der beeindruckenden Leistungsfähigkeit erhielt sie den Spitznamen „Elefant". Sie war die größte Dampflok der SBB. Ihr Gnadenbrot verdiente sie nach der Elektrifizierung der wichtigsten Bergstrecken dann im Flachland. Zwei Loks (2978 und 2969) sind betriebsfähig erhalten.

Der „Elefant" C 5/6 2978 bei einer Sonderfahrt in Basel

TECHNISCHE DATEN

Hersteller	SLM Winterthur
Lieferung/Indienststellung	1913–1917
Spurweite	Normalspur
Bauart	1'E h4v
Länge über Puffer	19,2 m
Masse	128,0 t
Höchstgeschwindigkeit	65 km/h
Leistung	1.190 kW
Stückzahl	28

251

Reihe 282 F

282 F 0421 auf der imposanten Brücke bei Santa Linya (Spanien). Bild: M. Kißler/Archiv W.u.H. Brutzer

Babcock & Wilcox lieferte 1931 Bilbao sechs Garratts der Baureihe 282 der Red Nacional de los Ferrocarriles Españoles (RENFE). Sie wurden von der Ferrocarril Central de Aragón zwischen Saragossa und Valencia im Güterzugdienst eingesetzt, obwohl sie bei gleicher Achsenzahl mit ihren Maßen schlechter als die im selben Jahr gelieferten Garratt-Schnellzuglokomotiven der Baureihe 462.0401 abschnitten. Die Baureihenbezeichnung 282 ist nach dem in Spanien üblichen, aus Frankreich stammenden, Bezeichnungsschema für die Achsfolge als 2 x 141 zu lesen. Ursprünglich wurden sie mit Kohle gefeuert, in den 1960ern wurden sie auf Ölfeuerung (BR-Zusatz „F" für „fueloil") umgestellt. 30 Jahre nach der ersten Lieferung im Jahr 1961 bestellte die RENFE nochmals zehn Loks der Bauart. Sie wurden ebenfalls von Babcock & Wilcox geliefert und bekamen die Nummern ab 0421 zugeteilt. Die Loks hatten von Anfang an Ölfeuerung.

▶ Wussten Sie schon?

Die 282 F 0421 ist immer noch betriebsfähig und wurde bis vor wenigen Jahren für Sonderfahrten (u.a. „Erdbeerzug") eingesetzt. Die Züge starteten meistens in Madrid.

TECHNISCHE DATEN

Hersteller	Babcock & Wilcox
Lieferung/Indienststellung	1931; 1961
Spurweite	Breitspur (1.668 mm)
Bauart	(1'D1')(1'D1') h4
Länge über Puffer	k.A.
Masse	173,0 t
Treibraddurchmesser	1.200 mm
Höchstgeschwindigkeit	k.A.
Stückzahl	16

Klasse 151

Schwere Güterzuglok für den Kohlentransport: Klasse 151. Bild: Sammlung Udo Paulitz

Die schwersten und stärksten Santa-Fé-Lokomotiven (US-Bezeichnung der Bauart 1'E1') baute Spanien mit diesen Modellen. Die Baureihenbezeichnung ist wie bei der RENFE üblich, von der Achsfolge abgeleitet: Die 151 ist ein Fünfkuppler mit je einer Laufachse vorn und hinten.

Diese Dreizylinderloks sollten Kohle von den Bergwerken in Ponferrada im NordwestenSpaniens an den Atlantik nach La Coruña befördern. Die 151 mit einem Achsdruck von bis zu 21 t hatten eine enorme Zugkraft, die auf dem steigungsreichen Streckenabschnitt nach Venta de Baños auch nötig war. Allerdings wurde beim Umbau etlicher Loks der Achsdruck abgesenkt, um die Maschinen auf weiteren Strecken (z. B. von Madrid nach Alsasua oder von Madrid nach Saragossa und Manresa) einsetzen zu können. Sieben Loks hatten Ölfeuerung. Bei den kohlebefeuerten Loks besaßen zwei eine mechanische Stokereinrichtung.

Die Baureihe war unter den Dampfloks in Europa fast einzigartig, lediglich die französische 151 A der PLM „spielte ebenfalls in dieser Liga".

Die 151F-3101 ist heute im Eisenbahnmuseum von Katalonien (Museu del Ferrocarril de Catalunya) nahe des Bahnhofes Vilanova i la Geltrú in einem alten Ringlokschuppen in einer sehenswerten Sammlung mit weiteren sehenswerten Lokomotiven untergebracht.

TECHNISCHE DATEN

Hersteller	Maquinista Terrestre y Marítima (MTM)
Lieferung/Indienststellung	1942–1945
Spurweite	Normalspur
Bauart	1'E1'h3
Masse	213,0 t
Treibraddurchmesser	1.560 mm
Leistung	2.900 kW
Stückzahl	20

253

Reihe 242

Ein Spätling im Dampflokbau war die spanische Reihe 242. Bild: Sammlung Udo Paulitz

Als längst klar war, dass den Elektroloks und den Dieselfahrzeugen die Zukunft auf Gleisen gehören würde, ließ die spanische RENFE für ihre schweren Gebirgsstrecken noch einmal zehn Dampflokomotiven bauen. Während im übrigen Europa Loks dieser Achsformel sehr selten waren, hatte Spanien die große Tradition amerikanischer 2'D2'-Loks aufgegriffen. Die in Barcelona gebauten Loks hatten eine Ölfeuerung. Ihr mächtiges breites Aussehen verdankt sie der Tatsache, dass sie für die spanische Breitspur gebaut worden war. Eine Lok ist erhalten geblieben.

Wussten Sie schon?

Eine Lokomotive dieser Baureihe hält mit 150 km/h den spanischen Geschwindigkeitsrekord für Dampfloks.

TECHNISCHE DATEN

Hersteller	Maquinista Terrestre y Maritima
Lieferung/Indienststellung	1956
Spurweite	Breitspur (1.675 mm)
Achsfolge	2'D2'
Länge über Puffer	26,8 m
Masse	213,0 t
Höchstgeschwindigkeit	150 km/h
Leistung	3.730 kW
Stückzahl	10

Class 6A

254

Im Jahr 1912, nach der Gründung der „Südafrikanischen Eisenbahnen und Häfen“ als Zusammenschluss der bisherigen Bahnverwaltungen, wurden fünfzig Lokomotiven der Baureihe 6A mit den Nummern 441 bis 489 versehen. In den 1930er-Jahren wurden viele von ihnen noch einmal grundlegend überholt und mit neuen Kesseln ausgestattet.

Die Baureihe 6 wurde in erster Linie im Reisezugdienst eingesetzt, die Loks waren in fast allen Teilen des Landes, außer in Natal im Einsatz. Einzelne Maschinen wurden auch an Nachbarländer verkauft, so gelangten Loks der BR 6 nach Angola und in den Sudan.

Mindestens zwei Loks sind erhalten geblieben und waren, von Grund auf mehr oder minder neu aufgebaut, in den 1990er-Jahren bei zahlreichen Sonderfahrten im Einsatz.

TECHNISCHE DATEN	
Hersteller	Dübs&Co, Sharp Stewart
Lieferung/Indienststellung	1895–1897
Spurweite	Kapspur (1.067 mm)
Achsfolge	2'C
Länge über Puffer	15,6 m
Masse	78,2 t
Treibraddurchmesser	1.664 mm
Höchstgeschwindigkeit	k.A.
Stückzahl	50

Der „braune“ Museumszug der SAR – stilecht bespannt mit zwei Loks der Baureihe Class 6A – hat gerade Oudtshoorn (Südafrika) in Richtung Montague-Pass und dann zur Küste verlassen.

255 Class 15AR

Die Baureihe 15AR war eine Weiterentwicklung der bewährten 15A. Sie wurde unter anderem mit neuen Kesseln ausgestattet. Das „R“ in der Baureihenbezeichnung steht für „rebuild“.

Die Maschinen waren in ganz Südafrika im Einsatz. Hauptsächlich auf Nebenbahnen im Norden und Nordosten des Landes bewältigten sie fast alle anfallenden Arbeiten. Bei Lokmangel an schweren Maschinen wurden sie teilweise aber auch auf den Hauptstrecken eingesetzt.

Eine 15AR wartet 1979 im Dampflokdepot Sydenham in Port Elisabeth auf den nächsten Einsatz.

TECHNISCHE DATEN

Hersteller	NB, BP, Maffei
Lieferung/Indienststellung	1914–1926
Spurweite	Kapspur (1.067 mm)
Achsfolge	2'D1'
Länge über Puffer	21,8 m
Masse	162,9 t
Treibraddurchmesser	1.448 mm
Leistung	k.A.
Stückzahl	k.A.

256 Class 15F

Eindrucksvoll: 15F „Johan Uys“.

Auch die Baureihe 15F war eine Weiterentwicklung, hier der Class 15E. Sie gehörte zu den erfolgreichsten Baureihen in Südafrika und war bis in die letzten Jahre des Dampfbetriebes mit den 25NC, 19D und 24ern im Planeinsatz. Ursprünglich hauptsächlich für schnelle Züge auf den Hauptstrecken vorgesehen, wurden sie dort aber bald von den schnelleren 25ern abgelöst. Da sie aber ebenfalls sehr zuverlässig und leistungsstark waren, verdrängten sie weitere Baureihen aus den untergeordneten Diensten.

TECHNISCHE DATEN

Hersteller	BP, NB, Berliner Maschinenbau, Henschel
Lieferung/Indienststellung	1938–1947
Spurweite	Kapspur (1.067 mm)
Achsfolge	2'D1'
Länge über Puffer	22,4
Masse	185,4 t
Treibraddurchmesser	1.524 mm
Stückzahl	155

257

Class 16DA

16DA 870 steht als Denkmal in Bloemfontein.

Eine der ersten Aufgaben des neuen Chef-Ingenieurs A.G. Watson der SAR bei seinem Dienstantritt 1929 war, eine geeignete Maschine für die Expresszüge einer der wichtigsten Strecke im Land, für den Abschnitt Beaufort West–Johannesburg zu entwickeln. Zugkraft, auch auf Steigungen und Geschwindigkeit waren die Kriterien. Diese Aufgabe wurde von ihm mit der 16DA eindrucksvoll gelöst, die letzten dieser formschönen Maschinen waren noch in den späten 1980ern im Einsatz.

TECHNISCHE DATEN

Hersteller	SAR, Henschel
Lieferung/Indienststellung	1929
Spurweite	Kapspur (1.067 mm)
Achsfolge	2'C1'
Länge über Puffer	20,8 m
Masse	163,2 t
Treibraddurchmesser	1.524 mm
Leistung	k.A.
Stückzahl	k.A.

258

Class 16E

Die 16E ist eine der faszinierendsten Lokomotiven der Welt: Auf der schmalen Kapspur (1.067 mm) schaffte sie Zugleistungen und Höchstgeschwindigkeiten, die schon auf Normalspur rekordverdächtig waren. Auch sie sind ein Produkt des Ingenieurs Watson. Zwei Maschinen (857 und 858) sind soweit erhalten geblieben, dass sie wieder betriebsfähig zu machen wären, sollte sich in Südafrika in absehbarer Zeit ein Markt für Sonderfahrten entwickeln.

Faszinierende Schnellzuglok 16E 858.

TECHNISCHE DATEN

Hersteller	Henschel
Lieferung/Indienststellung	1935
Spurweite	Kapspur (1.067 mm)
Achsfolge	2'C1'
Länge über Puffer	21,8 m
Masse	169,8 t
Treibraddurchmesser	1.829 mm
Höchstgeschwindigkeit	über 150 km/h
Leistung	1.600 kW
Stückzahl	6

259

Class 19D

Die 19D war in den letzten Einsatzjahren, die Feld-, Wald- und Wiesenlok der SAR, gemeinsam mit der ähnlich konstruierten Class 24. Robust, pflegeleicht und einfach in der Handhabung. Sie wurde eingesetzt, wo keine

TECHNISCHE DATEN

Hersteller	Krupp u.a.
Lieferung/Indienststellung	1948/49
Spurweite	Kapspur (1.067 mm)
Achsfolge	2'D1'
Länge über Puffer	26,3 m
Masse	156,4 t
Treibraddurchmesser	1.372 mm
Höchstgeschwindigkeit	k.A.
Leistung	k.A.
Stückzahl	k.A.

Eine Lok der Baureihe 19D mit einem Personenzug bei Lydenburg.

besser geeignete Lok vorhanden war, und damit ab 1980 praktisch überall, wo keine 25NC verfügbar war…

260

19D 2644

Die umgebaute 19D 2644 bei einer Probefahrt.

Der englische Ingenieur David Wardale arbeitete seit 1974 für die SAR. Angesichts des Ölboykotts und der notwendigen Generalüberholungen der Dampflokomotiven machte er Vorschläge zur Optimierung. Zunächst erhielt er die Erlaubnis, seine Ideen an einer Lok der Baureihe Klasse 19D umzusetzen. Die Lokomotive Nr. 2644 wurde mit geringem Budget und großem Erfolg modifiziert. Hier wurden unter anderem erstmalig ein zweiter Schornstein eingebaut, die Rauchkammer umgebaut und die Verbrennung wurde völlig umgestellt.

TECHNISCHE DATEN

Hersteller	SAR
Lieferung/Indienststellung	1978
Spurweite	Kapspur (1.067 mm)
Achsfolge	2'D1'
Länge über Puffer	20,5 m
Masse	ca. 160 t
Treibraddurchmesser	1.372 mm
Höchstgeschwindigkeit	k.A.
Stückzahl	1

261

Class 23

Im Vorfeld des Zweiten Weltkriegs orderte die SAR eine Schnellzuglokomotive für die höherwertigen Leistungen bei deutschen Firmen. Jahrzehnte lang waren diese Lokomotiven das Rückgrat der Strecken in der Kapprovinz. Ihr Pech war, dass die bald nachfolgende Baureihe 25 zu erfolgreich war. Daher war dieser eigentlich recht leistungsfähigen Baureihe keine Zukunft beschieden. Einige der formschönen Maschinen überlebten als Museumsloks bis in die 1990er-Jahre.

TECHNISCHE DATEN

Hersteller	Berliner Maschinenbau, Henschel
Lieferung/Indienststellung	1936
Spurweite	Kapspur (1.067 mm)
Achsfolge	2'D1'
Länge über Puffer	26,6 m
Masse	222,3 t
Treibraddurchmesser	1.600 mm
Höchstgeschwindigkeit	k.A.
Stückzahl	20

Eine 23er mit einem Schnellzug auf der Strecke Johannesburg–Kapstadt

262

Class 24

Die Baureihe 24 war neben der 19D die südafrikanische Universallok der letzten Jahre: Rangierarbeiten, Übergabezüge, Personen- und Güterzüge auf Nebenstrecken. Richtig bekannt wurde sie durch eines ihrer letzten Einsatzgebiete auf der legendären Bahnstrecke George–Knysna, wo sie bis zum Erdrutsch und der daraus resultierenden Schließung der Strecke im Einsatz war. Teilweise wurden die überlangen Sonderzüge in Dreifachtraktion gezogen.

TECHNISCHE DATEN

Hersteller	NB
Lieferung/Indienststellung	1949
Spurweite	Kapspur (1.067 mm)
Achsfolge	1'D2'
Länge über Puffer	22,8 m
Masse	131,5 t
Treibraddurchmesser	1.295 mm
Höchstgeschwindigkeit	k.A.
Leistung	k.A.
Stückzahl	100

Personenzug mit Lokomotive der Baureihe 24.

263 Class 25 Kondens

25 3511 war die letzte Kondenslok der Welt.

Die von Henschel entwickelte und teilweise von Beyer Peacock in Lizenz nachgebaute Baureihe 25 ist eine formschöne 1'D2'-Schlepptender-Lokomotive, die ihre deutsche Herkunft nicht verleugnen kann. Ursprünglich wurde für den Einsatz auf der Great-Karoo-Wüstenstrecke eine Kondens-Variante entwickelt. Dabei wird der Abdampf aufgefangen und in einem extralangen Tender über Rohrleitungen gekühlt und so wieder verflüssigt und erneut verwendbar gemacht. Da das Verfahren hohe Unterhaltskosten verursachte, setzte man dann Dieselloks ein.

TECHNISCHE DATEN	
Hersteller	Henschel, NB
Lieferung/Indienststellung	1953–1955
Spurweite	Kapspur (1.067 mm)
Achsfolge	2'D2'
Länge über Puffer	32,8 m
Masse	239,2 t
Treibraddurchmesser	1.524 mm
Höchstgeschwindigkeit	k.A.
Stückzahl	90

264 Class 25NC

Eine 25 NC mit einem Sonderzug unterwegs.

Nachdem die Kondensvariante nicht die gewünschten Erfolge brachte, die Wasserversorgung aber zunächst auf dem Wüstenabschnitt durch die Karoo nach wie vor schwierig war, kamen die Eisenbahner Südafrikas auf die so einfache wie naheliegende Idee und schmissen das ganze unwichtige „Gedöns" aus dem schön geräumigen Tender heraus und nutzen den Platz für einen überdimensionierten Wassertank. Geboren war die Variante 25 NC (= Non Condensing) mit einem höchst eigenen Design: Gerade von der Seite gesehen irritiert der überlange Tender, aber er erfüllte seinen Zweck…

TECHNISCHE DATEN	
Umbau	SAR
Lieferung/Indienststellung	ab 1973
Spurweite	Kapspur (1.067 mm)
Achsfolge	2'D2'
Länge über Puffer	32,8 m
Masse	ca. 230 t
Treibraddurchmesser	1.524 mm
Höchstgeschwindigkeit	k.A.
Stückzahl	90

265

Class 26

„Red Devil“: die rote Lackierung führte zum Spitznamen.

Im Jahr 1979 erhielt Wardale die Genehmigung, eine 2’D2’-Dampflokomotive der Klasse 25NC (die 3450, „Red Devil“ genannt aufgrund der Lackierung), der modernsten Dampflok-Baureihe der SAR, umzubauen. Die Maschine wurde unter anderem mit dem Gas Producer Combustion System (GPCS) des argentinischen Ingenieurs Livio Dante Porta, verbesserten Ventilen, einer doppelten Lempor-Saugzuganlage und einem vergrößerten Überhitzer ausgerüstet.

TECHNISCHE DATEN	
Umbau	SAR
Lieferung/Indienststellung	1980
Spurweite	Kapspur (1.067 mm)
Achsfolge	2'D2'
Länge über Puffer	32,8 m
Masse	ca. 230 t t
Treibraddurchmesser	1.524 mm
Höchstgeschwindigkeit	k.A.
Stückzahl	1

266

Class GEA

Auf den Bergstrecken waren im südlichen Afrika lange Jahre Dampfloks einer besonderen Bauart im Einsatz, die sogenannten „Garratts“: zwei Drehgestelle, vorne Wasservorrat, hinten Führerstand und Kohle und dazwischen der Kessel. Die Bauart GEA war eine

Eine der schwersten Garratt-Loks, die Bauart GEA.

Weiterentwicklung der GE, mit Spezifizierungen beim Kessel, den Drehgestellen und der Feuerbüchse. Sie bewährten sich über etliche Jahre im schweren Güterzugeinsatz, vor allem auf den Passstrecken.

TECHNISCHE DATEN	
Hersteller	BP
Lieferung/Indienststellung	1946
Spurweite	Kapspur (1.067 mm)
Achsfolge	2'C1'+1'C2'
Länge über Puffer	26,9 m
Masse	186,9 t
Treibraddurchmesser	1.219 mm
Höchstgeschwindigkeit	k.A.
Stückzahl	k.A.

267

Class GF

Neben der GEA wurde für kürzere Züge eine leichtere und kostengünstigere Variante gebraucht. Nach mehreren Versuchen war die Garratt der Baureihe GF erfolgreich. Die GF waren bis zur Verdieselung in den 1970ern auf der Strecke Johannesburg–Mafeking im Einsatz. Einige Loks lebten lange bei Minenbahnen, unter anderem bei der unter Eisenbahnfreunden bekannten Enyati-Mine.

TECHNISCHE DATEN

Hersteller	Hanomag, Henschel
Umbau/Indienststellung	1927–1928
Spurweite	Kapspur (1.067 mm)
Achsfolge	2'C1'+1'C2'
Länge über Puffer	23,5 m
Masse	1. Lieferung: 145,5 t 2. Lieferung: 147,9 t
Treibraddurchmesser	1.524 mm
Stückzahl	65

Eine GF-Garratt bildet den Vorspann vor der 15F bei einem der damals (in den 1980er-Jahren) sehr beliebten Sonderzügen im nördlichen Südafrika bei Sabie.

Class GMA/M

Betrachtet man die Stückzahl und wertet, wie lange die Maschinen im Einsatz waren, so war die GMA/M wahrscheinlich die erfolgreichste je gebaute Garratt. 1954 in Dienst gestellt hielten sie sich fast bis zum Dampfende in Südafrika im Einsatz. Die letzten Loks dieser Baureihe waren noch lange danach bis fast zur Jahrtauendwende unter anderem im Goldbaugebiet um Johannesburg bei der Randfontein Estate (REGM) in einer durchaus eleganten blauen Lackierung im Einsatz.

TECHNISCHE DATEN	
Hersteller	BP, NB, Henschel
Lieferung/Indienststellung	1954
Spurweite	Kapspur (1.067 mm)
Achsfolge	2'D1+1D2'
Länge über Puffer	28,6 m
Masse	194,5 t
	GMA: 190,1 t
Treibraddurchmesser	1.372 mm
Stückzahl	120

Eine GMAM-Garratt wird an einer der typischen Bekohlungsanlagen in Riversdale (Südafrika) bekohlt. Die Loks dieser Baureihe waren regelrecht „herausgeputzt" (März 1980).

269

Class NG15

Die in Apfelgrün lackierte NG15 124 des „Apple Express" bei Loerie (Südafrika).

Die Baureihenbezeichnung „NG" steht für das englische „narrow gauge". Bezogen auf die „Normal"-Spur im südlichen Afrika mit 1.067 mm sind die 610 mm in der Tat „schmal". Grund der Verwendung waren wie überall topografische Probleme und Kostengründe. Verglichen mit der Spurweite in Europa waren auch hierbei die Züge länger und schwerer. Die NG15 sind Weiterentwicklungen der NG5, die in 600 mm Spurweite für die deutsche Kolonie Südwestafrika gebaut und geliefert wurden.

TECHNISCHE DATEN

Hersteller	Henschel
Lieferung/Indienststellung	1931–1957
Spurweite	Schmalspur (610 mm)
Achsfolge	1'D1'
Länge über Puffer	16,6 m
Masse	36,6 t
Treibraddurchmesser	864 mm
Leistung	21 kW
Stückzahl	k.A.

270

Class NGG16

Die NGG 16-59 war eine Garratt-Lok..

Auch auf der schmalen Spur kam man auf die bewährte Bauart Garratt zurück. Die Gelenkloks wurden dabei nicht maßstabgerecht „verkleinert", somit kamen für 610 mm Spurweite recht große und starke Loks heraus. Die lange Bauzeit (über vier Jahrzehnte hinweg) zeigt, dass es bei der erfolgreichsten Serie, der NGG16 kaum noch was zu verbessern gab. Die letzten Einsatzgebiete in den 1970er- und 1980er-Jahren waren die Schmalspurstrecken im Natal, zuletzt die privatisierte Strecke von Port Harding.

TECHNISCHE DATEN

Hersteller	Hanomag, BP, Cockerill
Lieferung/Indienststellung	1927–1968
Spurweite	Schmalspur (610 mm)
Achsfolge	1'C1'+1'C1'
Länge über Puffer	14,8 m
Masse	62,6–63,2 t
Treibraddurchmesser	838 mm
Leistung	31 kW
Höchstgeschwindigkeit	40 km/h

162

Der Dampfbetrieb in Syrien hielt sich lange Jahrzehnte hartnäckig, wenn auch auf niedrigen Niveau. Es waren regelmäßig geradEmal eine Handvoll Dampfloks im Einsatz, dies aber noch bis weit in die 1980er-Jahre hinein. Selbst in den folgenden Jahren fuhren sie noch, manchmal für Touristikzüge, viel öfter aber zur Freude der Einheimischen, die gern mal mit der guten alten Bimmelbahn (was immer das auf Arabisch heißt ...) einen Tagesausflug mit Picknickkörben in die Berge machten. Vereinzelte Kurzeinsätze wurden immer wieder gemeldet bis zu Beginn des Bürgerkrieges.

Aktuelles ist seit Jahren allerdings aus bekannten Gründen nichts zu erfahren, teilweise wurde die Zerstörung von Bahnanlagen gemeldet, aber dann doch wieder nicht bestätigt. Die 161 war mit ihrer Schwestermaschine 162 in dem 1.050-mm-Netz südlich von Damaskus im Einsatz. In den 1980er-Jahren war sie in Deraa stationiert, heute heiß umkämpftes Kriegsgebiet…

Überliefert sind Berichte aus den 1980ern, dass die Dampfloks sogar recht oft für Planeinsätze ran mussten, weil die vorgesehenen Dieselloks zu schadanfällig waren.

TECHNISCHE DATEN

Hersteller	Borsig
Lieferung/Indienststellung	1914
Spurweite	Schmalspur (1.050 mm)
Achsfolge	1'D
Länge über Puffer	k.A.
Masse	k.A.
Höchstgeschwindigkeit	k.A.
Leistung	k.A.
Stückzahl	k.A.

Lok Nr. 162 bei Shejara in Syrien, Mai 1983. Bild: W.u.H. Brutzer

272 Baureihe 354.1

Die Lok der Baureihe 354.1 ist im Raum Děčin (damals: Tschechoslowakei) mit einem Sonderzug unterwegs. Die Aufnahme entstand im September 1980 im Rahmen eines Dampflokfestivals.

Die Lokbaureihe 629 der österreichischen Südbahn-Gesellschaft machte in etlichen Ländern Karriere, in größerer Stückzahl liefen die Maschinen außer in Österreich in Jugoslawien (18), in Polen (OKm11), bei der DRG als 77^{2-3} und bei den ČSD als 354.1. Zu den 15 Stück von der kkStB übernommenen 629ern kamen 1920/21 30 von Škoda fabrizierte Nachbauten, die sich unter anderem durch zwei Dome mit Verbindungsrohr von der Ursprungsbauart unterschieden. Durch weitere Nachbestellungen waren 1941 insgesamt 234 Stück bei den ČSD im Einsatz. Bei den weiteren Bestellungen war das Design kontinuierlich verbessert worden, größere Führerhäuser, elektrische Beleuchtung und gusseiserner Kranzschornstein statt Kobelrauchfang waren die Folge.

Die letzte Variante hatte ein kleineres Lichtraumprofil, daher konnte kein Dampfdomverbindungsrohr installiert werden. Der verkürzte Schornstein machte Windleitbleche notwendig. 1930 baute Škoda fünf Maschinen mit Änderungen, die sich jedoch bei der ČSD nicht durchsetzten. Die 354.195 (Baujahr 1925) ist betriebsfähig im Eisenbahnmuseum Lužná erhalten.

TECHNISCHE DATEN

Hersteller	StEG, Krauss
Lieferung/Indienststellung	1913–1928
Spurweite	Normalspur
Bauart	2'C1' h2t
Länge über Puffer	13,3 m
Masse	80,2/83,8 t
Treibraddurchmesser	1.614 mm
Höchstgeschwindigkeit	85 km/h
Leistung	k.A.
Stückzahl	234

273

Baureihe 422.0

422.075 im September 1980.

Die Wiener Neustädter Lokomotivfabrik, Floridsdorf, Krauss und die Böhmisch-Mährische Maschinenfabrik lieferten 1901–1924 exakt 211 Loks der Baureihe 178 an die kkStB. Davon verblieben nach 1918 noch 66 Maschinen bei der BBÖ, 105 Loks gingen an die ČSD (Reihe 422.0). Die Loks erhielten ab 1924 die neue Bezeichnung 422.0. Die Lokomotiven bewährten sich und waren Grundlage für die Entwicklung der Baureihen 331.0, 354.1, 423.0 und 433.0.

TECHNISCHE DATEN

Hersteller	BMM, WNL, Krauss, Floridsdorf
Lieferung/Indienststellung	1899–1918
Spurweite	Normalspur
Bauart	D n2vt
Länge über Puffer	9,4 m
Masse	46,0 t
Höchstgeschwindigkeit	50 km/h
Leistung	420 kW
Stückzahl	105

274

Baureihe 434.1

Von der Baureihe 270 aus Österreich verblieb ein Teil nach 1918 in dem damals neu gegründeten Staat Tschechoslowakei. Die dortigen Staatsbahnen (ČSD) orderten nach 1919 nochmals 119 Lokomotiven zur Ergänzung. Anfangs wurden diese noch von Floridsdorf geliefert, ab 1920 wurden die Aufträge an fast alle tschechischen Lokomotivbauer vergeben. Ab 1924 wurde die Baureihe als 434.1 geführt. Typisch für ihr Aussehen war vor allem ihr charakteristischer Schornstein. Nach Ende des Zweiten Weltkriegs stieg der Bestand auf insgesamt 199 Maschinen an.

Die 434.1100 bei einer Ausstellung in Decin.

TECHNISCHE DATEN

Hersteller	Škoda, Floridsdorf u.a.
Lieferung/Indienststellung	1917–1930
Spurweite	Normalspur
Bauart	1'D h2
Länge über Puffer	17,4 m
Masse	68,0 t
Treibraddurchmesser	1.258 mm
Höchstgeschwindigkeit	60 km/h
Stückzahl	199

275

Baureihe 464

Drei Prototypen dieser Gebirgsschnellzuglokomotiven entstanden 1933 bei ČKD in Prag. Deren guten Eigenschaften veranlassten die ČSD, insgesamt 76 Lokomotiven zu ordern. Neben ČKD wurden diese auch von Škoda in Pilsen gebaut. Die Entwickler griffen auf be-

Die 464 ebenfalls auf der Ausstellung in Decin.

TECHNISCHE DATEN

Hersteller	Škoda, ČKD
Lieferung/Indienststellung	1933–1938
Spurweite	Normalspur
Bauart	2'D2' h2t
Länge über Puffer	15,3 m
Masse	113,7/115,2 t
Höchstgeschwindigkeit	90 km/h
Leistung	1.240 kW
Stückzahl	76

währte Vorbilder zurück. So wurden Kessel, Kuppelradsätze und Ausrüstung von der ČSD-Baureihe 456.0 übernommen, die Zylinder von der Baureihe 455.1. Die Drehgestelle waren in ihrer Seitenlage um 5 mm verschiebbar. Die Spurkränze des Treibradsatzes und der dritten Kuppelachse waren deutlich schwächer ausgelegt.

276

Baureihe 475.1

475.179. Bild: Christoph Oboth

Die 475.1 wurde für die Beförderung von Personen- und Schnellzügen im hügeligen Gelände und für schnelle Güterzüge entworfen. Von den 172 Lokomotiven bei Škoda wurden von den ČSD aber nur 147 übernommen. Die Loks mit den Nummern 1148 bis 1172 gingen als sozialistische Bruderhilfe nach Nordkorea. Durch den niedrigen Achsdruck von 15 t war sie auch für Nebenstrecken geeignet. 1972 waren noch 134 Maschinen im Einsatz. Einige Lokomotiven sind betriebsfähig erhalten geblieben.

TECHNISCHE DATEN

Hersteller	Škoda
Lieferung/Indienststellung	1947–1950
Spurweite	Normalspur
Bauart	2'D1' h2
Länge über Puffer	24,8 m
Masse	168,8 t
Höchstgeschwindigkeit	100 km/h
Leistung	1.480 kW
Stückzahl	147

Baureihe 556

556 0506 war mit einem Plandampf-Güterzug in Obratan (Tschechien) unterwegs.

Da die vorhandenen Lokomotiven in der Nachkriegs-Tschechoslowakei für die Transportaufgaben entweder zu langsam oder nicht kräftig genug waren, wurde eine neue Baureihe, angelehnt an das Design der deutschen 1'E-Lokomotiven 50 und 52 bei Škoda bestellt. Sie waren das Beste, was die Dampflokomotivkonstrukteure in der Tschechoslowakei erschufen und setzten in ganz Europa neue Maßstäbe.

Schon bald nach der Auslieferung wurden die Loks in aktuellen Güterzug-Laufplänen eingeplant. Dabei sollte getestet werden, ob sie den Anforderungen genügen würden. Dabei wurde 1952 ein Zug mit 1.400 Tonnen Last auf einer Steigung von zehn Promille mit einer Geschwindigkeit von 23 km/h gezogen. Die damalige Norm lag hier bei 1.000 Tonnen. Es folgten einige spektakuläre Highlights, so ein Zug mit einer Last von 3.002 Tonnen ohne Schublok sowie ein Zug mit einer Last von 7.392 Tonnen (432 Achsen und 1.500 m Länge) mit einer Schublok. In der Folge wurden dann regelmäßig 4.000-Tonnen-Braunkohle-Ganzzüge von der Baureihe 556.0 befördert.

Aufgrund ihres niedrigen Achsdrucks war die Lok universell einsetzbar und-überall im Land zu finden. Bis Ende der 1970er erreichten die Loks auf ihren Umläufen regelmäßig die DDR und Österreich. Sogar vor dem Renommierzug „Vindobona" konnten sie zwischen Gmünd/NÖ und Česke Velenicé gesehen werden und erfreuten so die Fans vor dem „eisernen Vorhang".

TECHNISCHE DATEN

Hersteller	Škoda
Lieferung/Indienststellung	1951–19588
Spurweite	Normalspur
Bauart	1'E h2
Länge über Puffer	24,3 m
Masse	184,9 t
Treibraddurchmesser	1.400 mm
Höchstgeschwindigkeit	80 km/h
Leistung	1.620 kW
Stückzahl	510

278

Baureihe 34

Borsig lieferte 1905 neun Tenderlokomotiven (Nr. 15 bis 23) der Bauart 1'C n2t an die Anatolische Eisenbahngesellschaft Société du Chemin de fer Ottoman d'Anatolie (CFOA). Bis zur Einführung der Baureihe 37.0 in den 1920er-Jahren beförderten sie die Nahverkehrszüge ab dem Istanbuler Bahnhof Haydarpaşa. 1924, nach der Übernahme der CFOA durch die TCDD übernahm diese noch acht der Lokomotiven als Baureihe 34.0. Zwei Lokomotiven sind erhalten: 34.05 im Eisenbahnmuseum Çamlık und 34.07 als Denkmal vor dem Bahnhof Soğutluçesme.

34 057. Bild: D. Holz/Archiv W. und H. Brutzer

TECHNISCHE DATEN

Hersteller	Borsig
Lieferung/Indienststellung	1905–1907
Spurweite	Normalspur
Bauart	1'C n2t
Länge über Puffer	10,6 m
Masse	48,4 t
Treibraddurchmesser	1.500 mm
Höchstgeschwindigkeit	77 km/h
Stückzahl	9

279

Baureihe 44

Eine Lok der Baureihe 44 im Hafen von Bandirma.

Insgesamt 46 Lokomotiven der Baureihe G8 wurden vor dem Ersten Weltkrieg vom Deutschen Reich an die CFOA (Anatolische Eisenbahngesellschaft) zum Bau der Bagdadbahn übergeben. Zehn weitere Maschinen lieferte Hoffmann 1924 für die Bahnverbindungen um Izmir. Zusätzlich wurden rund 30 Lokomotiven zunächst für die Bagdadbahn (Damaskus–Hama) beschafft. Einige dieser Loks (die Nummern zwischen 44.057 und 44.087) kamen nach dem Zusammenbruch der Bagdadbahn zur Société d'exploitation des Chemins de Fer Bozanta, welche die Strecke Pozantı–Aleppo–Nusaybin bediente.

TECHNISCHE DATEN

Hersteller	Hanomag u.a.
Lieferung/Indienststellung	1902–1913
Spurweite	Normalspur
Bauart	D h2
Länge über Puffer	18,0 m
Masse	58,5 t
Treibraddurchmesser	1.350 mm
Höchstgeschwindigkeit	55 km/h
Leistung	809 kW
Stückzahl	ca. 90

280

Baureihe 45

Die leistungsfähigen Güterlokomotiven der Baureihe 45.0 der TCDD waren die ersten Neubeschaffungen für die türkischen Eisenbahnen nach der Gründung der Republik 1923. Etwa zeitgleich kamen die bislang von privaten Bahnunternehmen betriebenen Strecken in Staatsbesitz. Ab 1927 fehlte es dem neugegründeten Unternehmen an Lokomotiven mit hoher Leistung. Für die neue Lok diente die Preußische G 8^2 als Vorbild, von der die 45.0 nur in Details abweicht. Die letzten Exemplare blieben bis zum Ende des Dampfbetriebs der TCDD um 1990 im Einsatz.

45038 bei Yapi. Bild: D. Holz/Archiv W.u.H. Brutzer

TECHNISCHE DATEN

Hersteller	NOHAB
Lieferung/Indienststellung	1927–1935
Spurweite	Normalspur
Bauart	1'D h2
Länge über Puffer	17,2 m
Masse	87,3 t
Höchstgeschwindigkeit	65 km/h
Leistung	1.030 kW
Stückzahl	62

281

Baureihe 46.05

Die TCDD orderte Mitte der 1930er-Jahre elf Mikado-Dampflokomotiven bei Henschel. Die bestellte Baureihe (46.05) war an die DRG-Baureihe 41 angelehnt. Zum besseren Austausch von Bauteilen hatte sie die gleichen Kessel und Zylinder wie die Baureihe 56.0. Beide türkische Baureihen entstanden in Anlehnung an das Einheitslokprogramm der DRG. Die erste Lok wurde 1937 mit der Nummer 46051 geliefert, es folgten zehn weitere Loks. Die 46.05 erreichten als einzige Baureihe der TCDD eine Höchstgeschwindigkeit von 100 km/h.

Schnellzuglok 46.052 der Türkischen Staatsbahn. Bild: Christoph Oboth

TECHNISCHE DATEN

Hersteller	Henschel
Lieferung/Indienststellung	1937
Spurweite	Normalspur
Bauart	1'D1' h2
Länge über Puffer	22,9 m
Masse	104,4 t
Treibraddurchmesser	1.600 mm
Höchstgeschwindigkeit	100 km/h
Leistung	1.387 kW
Stückzahl	11

282 Baureihe 55

Wäre der technische Zustand der türkischen 55.043 (Nachbau einer preußischen G 10) doch nur halb so gut gewesen wie der optische. Bild: Christoph Oboth

Vermutlich zu Zeiten des Baus der Bagdadbahn im Vorfeld des Ersten Weltkrieges und der damaligen Waffenbruderschaft zwischen dem Osmanischen und dem Deutschen Reich gelangten einige Lokomotiven der preußischen Baureihe G 10 in die Türkei. Die TCDD baute eine Reihe dieser Maschinen nach und stellte sie als Baureihe 55 in Dienst. Sie wurde überwiegend im Güterverkehr eingesetzt.

Die Loks bewährten sich und so hielten sich einige der Maschinen bis in die späten 1970er-Jahre im Einsatz. 1978 war eine prächtig herausgeputzte 55er in Izmir im Plandienst, normalerweise als Vorspannleistung bei den Expresszügen Richtung Süden und 1999 wurde die 55.043 noch für Sonderzüge eingesetzt, wenngleich ihr optischer Zustand zu dieser Zeit wohl besser war als der technische…

TECHNISCHE DATEN

Hersteller	Nachbau TCDD
Lieferung/Indienststellung	1910–1925
Spurweite	Normalspur
Bauart	E h2
Länge über Puffer	k.A.
Masse	76,6 t
Treibraddurchmesser	1.400 mm
Höchstgeschwindigkeit	60 km/h
Leistung	809 kW
Stückzahl	49

283

Baureihe 56.0

Lok 56 109 in Toprakkale. Bild: W.u.H. Brutzer

Die Dampflokomotivbaureihe 56.0 der TCDD wurde angelehnt an die Einheitsdampfloks der Deutschen Reichsbahn von Henschel entwickelt. In den Jahren 1937 bis 1961 wurden in mehreren Chargen, die sich nur gering unterschieden, insgesamt 168 Maschinen von Fabriken aus Deutschland (79), Großbritannien (37) und der Tschechoslowakei (50) geliefert. Die beiden letzten Exemplare baute die TCDD selbst in den eigenen Ausbesserungswerken. Die 56.0 war bei den Dampfloks die Baureihe der TCDD mit den meisten Exemplaren. Noch bis in die 1980er-Jahre stellte sie die meisten Maschinen bei den Dampflokeinsätzen auf dem türkischen Eisenbahnnetz.

TECHNISCHE DATEN

Hersteller	Henschel u.a.
Lieferung/Indienststellung	1937–1949; 1961
Spurweite	Normalspur
Bauart	1'E h2
Länge über Puffer	22,4/22,9 m
Masse	105,1/108,6 t
Höchstgeschwindigkeit	70 oder 75 km/h
Leistung	1.387 kW
Stückzahl	168 (+17 für Bulgarien)

284

Baureihe 56.3

Die formschönen Loks der Baureihe 56.3 der TCDD sind auch als „Skyliner" bekannt. Sie wurden von den Vulcan Iron Works in Wilkes-Barre, Pennsylvania gebaut. 88 Maschinen mit den Nummern 56.301–56.388 wurden ab 1947 geliefert. Es waren die ersten Loks, welche die TCDD aus den USA bezog. Grund waren die guten Erfahrungen mit den US-Kriegsloks der USATC-Klassen S 200 (BR 46.2) und S 160 (BR 45.1).Die Maschinen verfügten über die größten Kessel und Feuerbüchsen aller türkischen Lokomotiven sowie Stoker-Feuerung.

Die 56.3 in Ulukışla, September 1974.

TECHNISCHE DATEN

Hersteller	Vulcan
Lieferung/Indienststellung	1947–1948
Spurweite	Normalspur
Bauart	1'E h2
Länge über Puffer	21,9 m
Masse	186,2 t
Treibraddurchmesser	1.450 mm
Höchstgeschwindigkeit	70 km/h
Leistung	1.715 kW
Stückzahl	88

285

Baureihe 56.5

Während des Zweiten Weltkriegs wurden Lokomotiven der Baureihe 52, (TCDD-Bezeichnung 56.5) an die Türkei geliefert. Die ersten zehn Exemplare kamen bereits 1943 direkt aus der Fabrik, weitere 43 folgten in den nächsten Jahren, oft zunächst offiziell geliehen, aber ebenfalls weitgehend neuwertig. Nach Kriegsende übernahm die TCDD die Maschinen, die 53 Loks wurden als 56.501 bis 56.553 eingereiht. Bei Umbauten wurden weitgehend die Windleitbleche entfernt. Die Loks verfügten teilweise über Wannentender aber auch einige Steifrahmentender waren vorhanden.

Aufgrund ihrer geringen Achslast waren die Maschinen für viele türkische Strecken sehr gut geeignet. Der Einsatz erfolgte sowohl vor Güter- wie auch vor Reisezügen. Einige Maschinen wurden von ihren Stammbesatzungen regelrecht verziert. Die letzten Exemplare blieben noch weit über das offizielle Dampfende hinaus bis 1986 bei der TCDD im Einsatz. Einige wenige Maschinen sind auch heute noch betriebsfähig erhalten oder ließen sich mit geringem Aufwand wieder betriebsfähig herrichten.

TECHNISCHE DATEN

Hersteller	Floridsdorf u.a.
Umbau/Indienststellung	1942–1951
Spurweite	Normalspur
Bauart	1'E h2
Länge über Puffer	23,0 m
Masse	84,0 t
Höchstgeschwindigkeit	80 km/h
Leistung	1.192 kW
Stückzahl	53

Die Lok 56.547 wartet auf die Ausfahrt mit dem Personenzug in Richtung Süden nach Denizli im Bahnhof Izmir–Alsancak (Türkei). September 1977.

286

Baureihe 57

Die ab 1927 gelieferten, sehr erfolgreichen Personen- und Schnellzuglokomotiven der TCDD-Baureihe 46 001–025 von Henschel waren Vorbild für eine benötigte Serie großer Loks für Hauptstreckeneinsätze. Zwischen 1933 und 1937 wurden die starken Schlepptenderlokomotiven der Baureihe 57 der TCDD als Mehrzwecklokomotiven speziell für die Strecken der 1934 und 1935 verstaatlichten Gesellschaften Ottoman Railway Company (ORC) und Chemin de fer de Smyrne-Cassaba et Prolongements (SCP) nördlich und östlich von Izmir beschafft. Ihr großer Vorteil war ihr niedriger Achsdruck. Auch bei der 57 sollten wieder die Einheitsdampfloks der Deutschen Reichsbahn zum Vorbild genommen werden.

Die 57er im typischen Henschel-Design.

TECHNISCHE DATEN

Hersteller	Henschel, Krupp, Schwarzkopff
Lieferung/Indienststellung	1933–1937
Spurweite	Normalspur
Bauart	1'E1' h2
Länge über Puffer	22,2 m
Masse	151,2 t
Leistung	k.A.
Stückzahl	k.A.

287

Baureihe 520 der MÁV

Eine der 52er der GySEV im „kleinen Grenzverkehr".

TECHNISCHE DATEN

Hersteller	Floridsdorf u.a.
Lieferung/Indienststellung	1942–1951
Spurweite	Normalspur
Bauart	1'E h2
Länge über Puffer	23,0 m
Masse	84,0 t
Treibraddurchmesser	1.400 mm
Höchstgeschwindigkeit	80 km/h
Leistung	1.192 kW
Stückzahl	6, gesamt in Ungarn: 100

Im Jahre 1963 wurden 100 Exemplare der ehemaligen deutschen Kriegsloks der Baureihe 52 aus Reparationen von der Sowjetunion an die MÁV verkauft. 94 Loks spurte die MÁV wieder auf Normalspur um. Sechs weitere Loks (mit den neuen Nummern 520.001 bis 006) wurden im Grenzbahnhof Zahony eingesetzt. Dabei behielten Loks ihre russischen Rauchkammertüren. Sechs Maschinen (die mit den Endziffern 018, 020, 050, 079, 083 und 094) wurden an die GySEV (Raaberbahn) weitergegeben, wo sie ihre Kollegen bei der MÁV deutlich überlebten. Einige Lokomotiven, wie die 520.034 im Bahnpark Budapest, blieben erhalten, betriebsfähig ist aktuell keine der Loks.

288 17 der GySEV

Die Raab-Oedenburg-Ebenfurter Eisenbahn AG (ROeEE), kurz: Raaberbahn AG, ungarisch Győr-Sopron-Ebenfurti Vasút (GySEV), ein österreichisch-ungarisches Eisenbahnunternehmen, wurde 1872 gegründet. Bereits 1885 beschaffte die ROeEE eine C-gekuppelte

Die 17 der GySEV war über 100 Jahre im Dienst.

Schlepptenderlok Nr. 17 für die Personenzüge. Die Lok bewährte sich so gut, dass sie schließlich nach Kriegen, Eisernem Vorhang (und dennoch weiter bestehender Ost-West-Privatbahn-Gesellschaft) im aktiven Museumsbestand landete.

TECHNISCHE DATEN

Hersteller	Wiener Neustadt/Sigl
Lieferung/Indienststellung	1885
Spurweite	Normalspur
Bauart	C n2
Länge über Puffer	k.A.
Masse	k.A.
Höchstgeschwindigkeit	k.A.
Leistung	k.A.
Stückzahl	1

289 Baureihe 109 der Südbahn

MAV 109 109 auf einer Sonderfahrt.

Der Grundentwurf dieser Baureihe stammte aus Österreich. Hier wurde eine erste Serie von insgesamt 44 Stück hergestellt. Die Höchstgeschwindigkeit wurde auf 100 km/h erhöht. Die Südbahn mit ihren 13,4-Promille-Steigungen forderte die Maschinen, die jetzt mit 60 t mehr Zuglast (320 t) bei 60 km/h 22 Prozent weniger Kohle verbrauchte und die Fahrzeit zwischen Wien und Triest um 3½ auf 10 ½ Stunden reduzierte. Auf der Grundlage der guten Ergebnisse wurden weitere Loks bestellt. Nach 1918 übernahm Ungarn etliche Lokomotiven.

TECHNISCHE DATEN

Hersteller	Wiener Maschinenfabrik
Lieferung/Indienststellung	1910–1917
Spurweite	Normalspur
Bauart	2'C h2
Länge über Puffer	17,6 m
Masse	106,6/109,6 t
Treibraddurchmesser	1.740 mm
Höchstgeschwindigkeit	k.A.
Stückzahl	53

290

Baureihe 375 der MÁV

Lok 375 636 der MÁV. Bild: W.u.H. Brutzer

Die Tender der MÁV Baureihe 375 wurden für den Nebenbahnverkehr beschafft. Die Loks bewährten sich und entwickelten sich zur Universallok in Ungarn. MÁVAG in Budapest baute in den Jahren von 1907 bis 1959 insgesamt 596 Stück. Fast unverändert gingen auch etliche Exemplare an die JŽ, die ČSD sowie an die C.F.R. und an die GySEV. Während des langen Beschaffungszeitraumes gab es mehrere Konstruktionsvarianten und konstruktive Änderungen.

TECHNISCHE DATEN

Hersteller	MÁVAG
Lieferung/Indienststellung	1907–1959
Spurweite	Normalspur
Bauart	1'C1' h2t
Länge über Puffer	10,9 m
Masse	52,8 t
Höchstgeschwindigkeit	60 km/h
Leistung	500 kW
Stückzahl	596

291

Baureihe 411 der MÁV

Die MÁV beschaffte 1947 von der US-Armee 510 Loks des Typs USATC 160. Sie wurden als Baureihe 411 integriert. 483 schafften es letztlich bis in den Betrieb, der Rest als Ersatzteilspender vorgehalten. Die Loks wurden frühzeitig an die ungarischen Vorgaben angepasst.

Die US-Kriegslok 411 118 in Budapest. Bild: M. Kißler,/Archiv W.u.H. Brutzer

Dabei wurden an den Stehkessel bewegliche Stehbolzen eingebaut, Schornstein , Blasrohr und Türen der Rauchkammern tauschte man gegen ungarische Bauteile. Auch der Steuerungshebel wurde ersetzt, die Speisewasserzufuhr angepasst und die Tenderräder getauscht.

TECHNISCHE DATEN

Hersteller	Baldwin, ALCO, Lima
Lieferung/Indienststellung	1942–1945
Spurweite	Normalspur
Bauart	1'D h2
Länge über Puffer	18,3 m
Treibraddurchmesser	1.448 mm
Höchstgeschwindigkeit	75 km/h
Leistung	883 kW
Stückzahl	510

292 Baureihe 424 der MÁV

Die Schlepptenderlokomotiven der MÁV-Baureihe 424 wurden für den schnellen Reisezug- und Güterzugdienst beschafft. Auch die Slovenské železnice (SŽ) der 1939 bis 1945 existierenden Ersten Slowakischen Republik sowie die Jugoslawische Eisenbahn (JŽ) kauften Lokomotiven dieser Baureihe. Das erste Exemplar der neuen Reihe 424 lieferte die MÁVAG in Budapest 1924. Die Konstruktion basierte unter anderem auf der Reihe 570 der Südbahngesellschaft (SB).

Die 424 bewährte sich als Universallokomotive für fast alle Zugarten vom schweren Güterzug bis zum Schnellzug.

TECHNISCHE DATEN

Hersteller	MÁVAG
Umbau/Indienststellung	1924–1958
Spurweite	Normalspur
Bauart	2'D h2
Länge über Puffer	20,9 m
Masse	85,0 t
Höchstgeschwindigkeit	90 km/h
Leistung	1.250 kW
Stückzahl	514

Ihre gute Beschleunigung machten sie aufgrund der hier recht kurzen Stationsabstände zur idealen Lokomotive für die ungarischen Schnellzüge. 1924 produzierte die MÁVAG die ersten 26 Exemplare, 1929 folgte eine weitere Lokomotive mit der Fabriknummer 5000 der MÁVAG. Erst während des Zweiten Weltkriegs wurden weitere Exemplare gebaut. Von 1940 bis 1944 wurden 216 weitere Lokomotiven geliefert. In der Nachkriegszeit wurde die 424 zur ungarischen Universallokomotive. Mit geringfügigen Änderungen, der Einführung von Windleitblechen und der Erhöhung der zulässigen Geschwindigkeit auf 90 km/h, wurden bis 1958 weitere 122 Lokomotiven an die MÁV geliefert. Insgesamt erhielt die MÁV damit 365 Stück.

Ab 1972 begann die Ausmusterung. Die 424 war die letzte in größerer Stückzahl eingesetzte Dampflok-Baureihe. Erst 1986 wurden die letzten ausgemustert. Drei Exemplare, die Lokomotiven 424,009, 424,247 und 424,287 sind betriebsfähig erhalten.

Die 424,247 zeigt, dass sie auch nach ihrer Komplett-Überholung und Hauptuntersuchung nichts verlernt hat. Szekszárd (Ungarn), Oktober 2013.

293 „Best Friend of Charleston“

Die South Carolina Railroad (SCRR) hatte 1828 den Betrieb aufgenommen. Zwei Jahre später wurde ein Zweikuppler mit Stehkessel angeschafft. Zwar erreichte die „Best Friend of Charleston“ getaufte Lok immerhin Geschwindigkeiten bis zu 40 km/h, doch diese Konstruktion bewährte sich nicht. Bereits 1831 explodierte der Kessel, da der Lokführer den Sicherheitsventilhebel verbotenerweise zu blockieren pflegte. Genaue Leistungsdaten sind nicht bekannt.

Der Stehkessel war ungewöhnlich, noch dazu so weit hinten auf dem Rahmen. Bild: Sammlung Udo Paulitz

TECHNISCHE DATEN

Hersteller	West Point Foundry
Lieferung/Indienststellung	1830
Spurweite	Normalspur
Achsfolge	B
Länge über Puffer	4,4 m
Masse	4,1 t
Treibraddurchmesser	1.372 mm
Höchstgeschwindigkeit	32 km/h
Stückzahl	1

294 „DeWitt Clinton“

Benannt nach dem Gouverneur des US-Bundesstaats New York wurde die „DeWitt Clinton“ als vierte amerikanische Dampflokomotive gebaut. Sie kam bei der Mohawk & Hudson Railroad zum Einsatz. 1831 zog sie ihren ersten Zug von Albany nach Schenectady, der ersten fahrplanmäßigen Relation in den USA. Doch bereits 1833 wurde sie verschrottet. Ein Nachbau aus dem Jahr 1893 für eine Ausstellung ist im Henry Ford Museum in Dearborn, Michigan zu bewundern.

TECHNISCHE DATEN

Hersteller	John B. Jervis
Lieferung/Indienststellung	1831
Spurweite	Normalspur
Achsfolge	B
Länge über Puffer	k.A.
Masse	5,0 t
Treibraddurchmesser	1.372 mm
Höchstgeschwindigkeit	30 km/h
Leistung	36 kW
Stückzahl	1

„DeWitt Clinton“ der Mohawk & Hudson Railroad. Bild: Sammlung Udo Paulitz

295 „Jupiter“

Die „Jupiter“ genannte Dampflokomotive (offizielle Bezeichnung „Central Pacific Railroad Nr. 60“) war eine der beiden Lokomotiven während der „Golden Spike“-Zeremonie bei Promontory Summit zur Feier der Fertigstellung der ersten transkontinentalen Eisenbahn. Das Original wurde im September 1868 von der Schenectady Locomotive Works of New York, zusammen mit drei anderen Maschinen gebaut, nummeriert 61, 62 und 63. Diese vier Loks wurden seinerzeit in Einzelteilen nach San Francisco, Kalifornien verschifft und dann weiter nach Sacramento transportiert. Dort, in der zentralen Werkstatt der Central Pacific, wurden sie wieder zusammengebaut und am 20. März 1869 in Betrieb genommen.

Nachbau der „Jupiter“ der Central Pacific Railroad.
Bild: Thomas Estler

TECHNISCHE DATEN

Hersteller	O'Coonor Eng. Lab.
Lieferung/Indienststellung	1979
Spurweite	Normalspur
Achsfolge	2'B
Baujahr Original	1868
Stückzahl	1 (Original: 4)

296 Nr. 119

Die Nr. 119 (eine 2'B-Dampflokomotive) ist die zweite der beiden Lokomotiven, die an der Golden Spike Zeremonie am Promontory Summit seinerzeit teilgenommen hatten. Die ursprüngliche Nr. 119 wurde von Rogers Lokomotiv- und Maschinenfabrik von Paterson, New Jersey im Jahr 1868 zusammen mit den Nummern 116, 117, 118 und 120 gebaut. Im Jahre 1903 wurde sie verschrottet, zuvor war sie als Güterzuglokomotive im Einsatz. Ein betriebsfähiger Nachbau wurde 1979 erstellt, 76 Jahre nach der Verschrottung. Der bekannte Eisenbahnhistoriker Gerald M. Bester diente bei beiden Loks als technischer Berater, über 700 detaillierte technische Zeichnungen wurden neu erstellt, basierend fast ausschließlich auf den Fotografien der Original-Loks während der Zeremonie.

Nachbau der Lok Nr. 119 der Union Pacific Railroad.
Bild: Thomas Estler

TECHNISCHE DATEN

Hersteller	O'Coonor Eng. Lab.
Lieferung/Indienststellung	1979
Spurweite	Normalspur
Achsfolge	2'B
Baujahr Original	1868
Stückzahl	1 (Original: 5)

297

Heisler No. 6

Die Heisler-Lok der Cass, Juli 2013

Im August 1929 wurde die Getriebelok der Bauart Heisler bei der Stearns Manufacturing Co. für die Bostonia Coal and Clay Products Company of New Bethlehem gebaut. Heisler No. 6 ist ein großer, moderner Vertreter der 1891 entwickelten Heisler-Bauart, bei der die Kraftübertragung zu den Treibrädern über ein Zahnradgetriebe geschah. Die Heisler-Loks waren ein Gegenentwurf zu den ähnlich konstruierten Shay-Loks von Lima. Cass Scenic Railroad kaufte die Heisler No. 6 von der Meadow River Lumber Company of Rainelle, West Virginia 1968. Sie wird dank ihrer höheren Geschwindigkeit gern eingesetzt, oft als Zweitlok.

TECHNISCHE DATEN

Hersteller	Stearns Manufacturing Co.
Lieferung/Indienststellung	1929
Spurweite	Normalspur
Bauart	k.A.
Länge über Puffer	k.A.
Masse	90,0 t
Höchstgeschwindigkeit	k.A.
Leistung	k.A.
Stückzahl	1

298

Bauart „Shay“

Die letzte und gleichzeitig zweitgrößte jemals gebaute Shay-Lok ist bis heute auf der Cass Scenic RR erhalten und in Betrieb geblieben. Nach ihrer Ausmusterung stand sie zunächst mehr als 26 Jahre im Museum, bevor sie im August 1980 zur Cass gelangte. In der dortigen hervorragend ausgestatteten Werkstatt wurde sie wieder betriebsfähig aufgearbeitet. Von Oktober 1993 wurde sie in drei Jahren erneut komplett überholt. Die Cass Scenic RR in West-Virginia ist ohnehin einer der Geheimtipps für die Fans uriger US-Dampfloks.

„Big 6“ ist die letzte Shay, die gebaut wurde.

TECHNISCHE DATEN

Hersteller	Lima
Lieferung/Indienststellung	1945
Spurweite	Normalspur
Bauart	k.A.
Länge über Puffer	k.A.
Masse	162,0 t
Höchstgeschwindigkeit	k.A.
Leistung	k.A.
Stückzahl	k.A.

299 „Waumbek“

Dampfbespannt fuhr in den letzten Jahren bei der Mt. Washington Cog Railway (USA) höchstens noch der 9-Uhr-Zug, der erste Zug des Tages. In der Regel war dieser mit der Nr. 9 „Waumbek“ (Baujahr 1908) bespannt, hier kurz nach Verlassen der Marshfield Base Station am 29. August 2010. Bild: Thomas Estler

Die eigenartig aussehenden Dampfloks der Mt.-Washington-Zahnradbahn sind mittlerweile leider zur „Beigabe“ verkümmert, seit Dieselloks den Normalbetrieb übernommen haben. Aktuell wird nur der erste Zug um 9:00 Uhr mit Dampf gefahren. Die Bauart wirkt irritierend, weil der Kessel im Verhältnis zum Führerhaus stark geneigt ist, um so auf der steilen Strecke einigermaßen waagrecht zu stehen. Die Loks schieben immer nur einen Waggon bergauf und sind immer talseitig gekuppelt. Bergab muss der Waggon mittels eines Bremsers mithelfen, dass die Erdanziehung nicht „gewinnt“.

1972 und 1983 wurden in der eigenen Werkstatt nochmals zwei Maschinen neu gebaut. Aber der hohe Kohlepreis und der Erdölboom in den USA waren offenbar zu starke Argumente für den Betreiber, sich weitgehend vom Dampfbetrieb zu verabschieden.

TECHNISCHE DATEN

Hersteller	Manchester Locomotive Works, Mt. Washington Cog Railway Shop
Lieferung/Indienststellung	1866–1883; 1908; 1972; 1983
Spurweite	1.422 mm
Achsfolge	B
Länge über Puffer	29,8 m
Masse	149,0 t
Stückzahl	9

300

Class A

Die schwersten Atlantics der Welt wurden für die Chicago Milwaukee St. Paul & Pacific Railroad gebaut, um Minneapolis und St. Paul mit Chicago zu verbinden. Die Durchschnittsgeschwindigkeit lag bei über 160 km/h. Die Dampfloks waren voll verkleidet und gelten vielen Eisenbahnfreunden als besondere Schönheiten. Die Maschinen hatten Ölfeuerung und modernste Loktechnik. Die Räder konnten doppelseitig gebremst werden. Bei Beginn der Erholung nach der Weltwirtschaftskrise wurde im Jahr 1935 die leichte Stromlinienlok Class A für den berühmten Hiawatha-Schnellzug zwischen Chicago und den Twin Cities eingesetzt.Bereits 1951 wurden die Loks ausgemustert und verschrottet. Ihnen folgten Hudsons der Class F-7.

▶ Wussten Sie schon?

Die A ist ein inoffizieller Kandidat für die Schnellfahrtkrone bei Dampfloks. Sie soll angeblich 209 km/h erreicht haben.

TECHNISCHE DATEN

Hersteller	ALCo
Lieferung/Indienststellung	1935
Spurweite	Normalspur
Achsfolge	2'B1'
Länge über Puffer	27 m
Masse	131,6 t
Treibraddurchmesser	2.134 mm
Höchstgeschwindigkeit	193 km/h
Leistung	3.240 kW
Stückzahl	5

„Hiawatha" Nr. 2. Bild: Sammlung Ulf Degener

Kurz nach der Depression baute ALCo die Stromlinienlok Class A. Bild: Sammlung Ulf Degener

301

Class 2900

Mit verlängertem Schornstein. Bild: Slg. Udo Paulitz

Die Atchison, Topeka & Santa Fe Railway, kurz Santa Fe, verband Chicago mit Kalifornien und hatte neben der Class 5001 auch diese Baureihe beschafft. Für die sehr anspruchsvolle Strecke über die Rocky Mountains brauchte sie leistungsfähige Lokomotiven. Außerdem wurden riesige, achtachsige Tender beschafft. Man sah sie vor Güter und Reisezügen. Die 2900er erreichten Geschwindigkeiten bis 160 km/h und waren die schwersten Einrahmen-Dampfloks der Welt.

TECHNISCHE DATEN

Hersteller	Atchinson Topeka
Lieferung/Indienststellung	1938–1944
Spurweite	Normalspur
Achsfolge	2'D2'
Länge über Puffer	36,8 m
Masse	231,0 t
Höchstgeschwindigkeit	160 km/h
Leistung	4.500 kW
Stückzahl	65

302

Class EM-1

Class EM-1. Bild: H.K. Vollrath/Slg. Udo Paulitz

Diese schweren Güterzugloks wurden von Baldwin für die Baltimore & Ohio Railroad gebaut. Sie gehörten zu den modernsten Loks der Mallet-Bauart (1'D) D2'. Ihr Einsatzgebiet lag in den hügeligen Landschaften im Nordosten der USA, wo hohe Zugkraft gefragt war. Ende der 1950er mussten sie Dieselloks weichen und wurden verschrottet.

TECHNISCHE DATEN

Hersteller	Baldwin
Lieferung/Indienststellung	1944–1945
Spurweite	Normalspur
Bauart	(1'D) D2' h4
Masse	285,0 t
Treibraddurchmesser	1.626 mm
Stückzahl	30

Class H-8

Im September 1947 trafen sich zwei Giganten der Class H-8 s, der wohl stärksten US-Baureihe. Bild: Tom Klinger Collection

Die Chesapeake & Ohio Railroad und ihre kleinere Schwesterbahn Virginia Railway ließen von Lima ab 1941 zusammen 68 Maschinen der neuen Class H-8 bauen, wobei der Löwenanteil von 60 Stück auf die C & O entfiel. Die Bauart wurde in den USA als „Allegheny" bezeichnet, nach dem steigungsreichen Gebirgszug, den sie zu überwinden hatte. Der Kuppelachsdruck der H-8 betrug 39,3 t, so hoch wie bei keiner anderen jemals gebauten Dampflok. Sie konnte Kohlenzüge von 160 Wagen ziehen. Die Tender hatten Raum für 25 t Kohle und 94.635 Liter Wasser. Einige Baumuster wurden für den Einsatz vor Personenzügen fit gemacht, doch kam es dazu höchst selten. Gegen die Dieselloks hatten die H-8 keine Chance. Bereits 1956 wurde die letzte H-8 aus dem Dienst genommen.

TECHNISCHE DATEN

Hersteller	Lima
Lieferung/Indienststellung	1941–1948
Spurweite	Normalspur
Bauart	(1'C') C3' h4
Länge über Puffer	k.A.
Masse	349,9 t
Treibraddurchmesser	1.702 mm.
Stückzahl	68

▶ Wussten Sie schon?

Die H-8 waren die schwersten Sechskuppler der Welt mit Kesseln, deren Größe sogar noch die der meisten achtfach gekuppelten Loks übertraf.

304

Class T-1

T-1 der Chesapeake & Ohio Railroad. Bild: Sammlung Udo Paulitz

Die Bauart Texas hat nach der US-amerikanischen Einteilung die Achsfolge 1'E2'. Eine der besten Maschinen dieser Klasse war die T-1. Die Chesapeake & Ohio Railroad hatte bei Lima vierzig Lokomotiven bestellt, welche ab 1930 ausgeliefert wurden. Ausgelegt waren sie mit einer neuen Technik, die als „Super Power" bezeichnet wurde. Diese Technik war derart erfolgreich, dass alle folgenden Bestellungen in der gleichen Ausführung geordert wurden.

Ihre hauptsächliche Aufgabe war es, schwere Kohlezüge aus den Bergwerken in Virginia an die Großen Seen nach Toledo, Ohio zu befördern. Das leisteten die starken Maschinen mit Bravour, sie konnten 160 Wagen mit einem Gewicht von 13.000 t problemlos über die Ebene ziehen. Bei Steigungen wurde meist als zusätzliche Schiebelok eine leichte Lok der Bauart Mikado eingesetzt. Die T-1 war für lange Zeit die größte Einrahmen-Dampflok der Welt.

Nachdem die Brüder Van Sweringen 1923 die Kontrolle über die Chesapeake & Ohio Railroad übernommen hatten, führten sie ein Gremium ein, unter anderem für die weitere Lokomotiventwicklung, das „Advisory Mechanical Committee (AMC)". Dieses sollte vor allem sicherstellen, dass die Lokomotiv-Standards mit den anderen Bahnen (u.a. Nickel Plate RR) der Brüder vereinheitlicht wurden. Somit hatte der AMC neben Forschung und Entwicklung mehr oder weniger die Befugnis, die technischen Vorgaben für alle Eisenbahnen der Brüder festzuschreiben. Die „Super Power-T1" war das erste Ergebnis der Arbeit dieses Komitees.

TECHNISCHE DATEN	
Hersteller	Lima
Lieferung/Indienststellung	1930
Spurweite	Normalspur
Bauart	1'E2' h2
Länge über Puffer	k.A.
Masse	226,0 t
Treibraddurchmesser	1.600 mm
Leistung	k.A.
Stückzahl	40

Class K-36

Die Baureihe K-36 besteht aus zehn 3 ft (914 mm) Schmalspur-Lokomotiven des Typs „Mikado“, die für die Denver und Rio Grande Western Railroad (DRGW) von den Baldwin Locomotive Works gebaut wurden. Sie wurden im Jahr 1925 an die Rio Grande geliefert und wurden von dieser zunächst entlang der Monarch-Zweigstrecke und über den Marshall Pass verwendet. Von den zehn Lokomotiven werden je fünf von der Durango & Silverton Narrow Gauge Railroad (D&SRR) und der Cumbres und Toltec Scenic Railroad (C&TS) verwendet.

Die Lokomotiven sind in einer Außenrahmenkonstruktion ausgeführt, die Antriebsräder sind zwischen den beiden Fahrgestellrahmen angeordnet. Diese stützen den Kessel, haben aber Zylinder, Antriebsstangen, Gegengewichte und Ventiltrieb auf der Außenseite. Die Baureihenbezeichnung „K“ stammt von der Achsfolge (MiKado) und die 36 steht für die 36.200 Pfund Zugkraft. Die K-36 waren bis 1956 im Plandienst. Hauptsächlich verkehrten sie als Güterzug-Lokomotiven von Alamosa nach Durango und nach Farmington, New Mexico, sowie von Salida nach Gunnison über den Marshall Pass sowie auf der Monarch-Zweigstrecke.

TECHNISCHE DATEN

Hersteller	Baldwin
Lieferung/Indienststellung	1925
Spurweite	Schmalspur (914 mm)
Bauart	1'D1' h2
Länge über Puffer	k.A.
Masse	84,9 t
Treibraddurchmesser	1.118 mm
Leistung	k.A.
Stückzahl	10

Im April 2014 versieht die 482 der Durango & Silverton Railroad den „Winterdienst“ bis Cascade.

306

Class K4

Class K4 der Bauart Berkshire wurde nach einem Gebirge benannt, wo die ersten Loks mit dieser Achsfolge getestet wurden. Bild: Sammlung Udo Paulitz

Diese Baureihe wurde zwischen 1936 und 1949 in größerer Stückzahl gebaut und vor allem im Reiseverkehr eingesetzt. Es waren die schwersten Loks ihrer Klasse. Sie wurden bei mehreren Gesellschaften eingesetzt. Einige Exemplare sind als Museumsloks erhalten.

TECHNISCHE DATEN

Hersteller	Lima, ALCo
Lieferung/Indienststellung	1936–1949
Spurweite	Normalspur
Bauart	1'D2'h2
Länge über Puffer	25,4 m
Masse	225,0 t
Treibraddurchmesser	1.778 mm
Leistung	3.898 kW
Stückzahl	425

307

Class M-4

Gigant der Baureihe M-4 im Porträt. Bild: Sammlung Udo Paulitz

Die Loks der Class M-4 wurden vor allem zur Beförderung von Eisenerz aus den Bergen hinab zu den Großen Seen herangezogen. Sie waren die schwersten Züge, die planmäßig von einer Dampflok gezogen wurden. Diese Züge erreichten bis zu 17.500 t.

TECHNISCHE DATEN

Hersteller	Baldwin
Lieferung/Indienststellung	1943
Spurweite	Normalspur
Bauart	(1'D)D2' h4
Länge über Puffer	k.A.
Masse	317,0 t
Treibraddurchmesser	1.600 mm
Höchstgeschwindigkeit	48 km/h
Stückzahl	10

308

Class S-4

Lokomotiven der Bauart 1'D2' wurden nach der ersten bei der Boston & Albany Railroad in den Berkshire Mountains eingesetzten Baureihe in den USA allgemein als Berkshire bezeichnet. Eine Baureihe dieser Art war die S-4, die ab 1926 bei der Erie Railroad in Dienst gestellt wurde. Diese Maschinen konnte schwere Güterzüge schnell und zuverlässig an den Mann bringen und war eine gute Schiebelok für Steilrampen. Weil sie noch dazu für 145 km/h zugelassen war, konnte sie sogar Schnellzüge ziehen.

Die Class S-4 der Boston & Albany Railroad war eine echte Mehrzwecklok. Bild: Sammlung Udo Paulitz

TECHNISCHE DATEN

Hersteller	Lima
Lieferung/Indienststellung	1926–1930
Spurweite	Normalspur
Bauart	1'D2' h2
Masse	212,0 t
Treibraddurchmesser	1.778 mm
Höchstgeschwindigkeit	145 km/h
Leistung	k.A.
Stückzahl	k.A.

309

97

Die Lok 97 wurde 1923 von Alco-Cooke in Paterson, New Jersey gebaut. Sie entspricht dem Standard-Design der Fabrik Cooke, welche in Dutzenden für die kubanischen Zuckerplantagen in den Varianten 1'D und 1'C gebaut wurden. Dieser Loktyp wurde auf Vorrat gebaut, die Lok 97 fand aber keinen Abnehmer mehr bei den Zuckerbahnen. Bei der Schließung der Cooke-Werke 1926 wurde sie an die Birmingham Southern Railroad verkauft. Auf einigen Umwegen kam sie 1966 nach Connecticut und betrieb Sonderzüge auf der New Haven RR, bis sie schließlich im Jahr 1970 in Essex bei der dortigen Museumsbahn aufschlug.

Nr. 97 (1'Dn2 ALCO/Cooke 1923). Bild: Thomas Estler

TECHNISCHE DATEN

Hersteller	Alco/Cooke
Lieferung/Indienststellung	1923
Spurweite	Normalspur
Bauart	1'D
Länge über Puffer	k.A.
Masse	97,0 t
Höchstgeschwindigkeit	k.A.
Leistung	k.A.
Stückzahl	k.A.

310

Class R-2

Rocky-Mountains-Lok R-2. Bild: Slg. Udo Paulitz

Die Great Northern Railway und die Western Pacific beschafften Ende der 1920er-Jahre für ihre schweren Güterzüge über die Rocky Mountains diese schweren Mallet-Lokomotiven. Die Great Northern hatte eine gewaltige Verdampfungsheizfläche von 738 m^2, die Western Pacific hingegen einen viel größeren Rost.

TECHNISCHE DATEN	
Hersteller	k.A.
Lieferung/Indienststellung	1929–30
Spurweite	Normalspur
Bauart	(1'D)D1' h4
Länge über Puffer	k.A.
Masse	286,0 t

311

4960

4960 wartet auf die Abfahrt an den Grand Canyon.

Die CB & Q 4960 wurde im Jahre 1923 von den Baldwin Locomotive Works of Pennsylvania gebaut. Die Chicago, Burlington hatte die Maschine bestellt und setzte sie auf der Quincy Railroad bis zum Ende des Dampfbetriebs in den späten 1950er-Jahren ein. Nach weiteren Stationen wurde sie 1985 an die Grand Canyon Railway verkauft. Dort begann man im Jahr 1989 mit der vollständigen Restaurierung. Heute läuft 4960 auf der Grand Canyon Railway von Williams zum South Rim des Grand Canyon. Seit 2011 verkehrt die Lokomotive einmal im Monat.

TECHNISCHE DATEN	
Hersteller	Baldwin
Lieferung/Indienststellung	1917–1923
Spurweite	Normalspur
Achsfolge	1'D1'
Masse	k.A.
Treibraddurchmesser	k.A.
Stückzahl	148

Class J (N&W)

Für viele gilt die Stromlinienbaureihe der Class J als Nonplusultra der Dampfloks. Sie ist auf jeden Fall außergewöhnlich, denn produziert wurden die Loks ab 1941 von den zur Bahngesellschaft Norfolk & Western Railway gehörenden Roanoke Shops, nicht von einem der großen Hersteller. Die Zylinderleistung soll bei 6.000 PS gelegen haben. Die J gilt als die stärkste Reihe der Northern-Bauart und führte berühmte Züge wie den „Powhatan Arrow". Bis 1950 wurden 388 Exemplare gebaut. Besonders eindrucksvoll ist das windschnittige Design der Lokomotiven.

Class J in ganzer Größe. Bild: Bruce Tiffany

TECHNISCHE DATEN

Hersteller	Roanoke Shops
Lieferung/Indienststellung	1941–1950
Spurweite	Normalspur
Bauart	2'D2'h2
Länge über Puffer	30 m
Masse	224,0 t
Höchstgeschwindigkeit	177 km/h
Leistung	4.412 kW
Stückzahl	388

Class J ist heute noch bei Ausflugsfahrten im Rahmen des NS Steam Program zu sehen. Bild: Martin Weltner

Effizient und stark: die Y-Klasse. Bild: Sammlung Udo Paulitz

313 Class Y-6b

Diese Loks bildeten die letzte Baureihe einer ganzen Serie von Dampflokomotiven, die die Norfolk & Western Railway bereits seit 1918 in ihrem Shop in Roanoke bauen ließ. Es handelt sich um Mallet-Loks der Achsfolge (1'D) D1' mit Vierzylinder-Triebwerk. Sie waren für den schweren Güterzugdienst gut geeignet, denn ein Zug mit 14.000 t konnte auf der Ebene mit 40 km/h gezogen werden. Vor allem aber im Schubdienst auf Steilrampen zeigte sie ihre wahren Stärken. Enorm war, dass die Y-Class diese guten Leistungen erbrachte und im Verbrauch günstiger war als die modernen Dieselloks. Das gefiel auch der US-Regierung, die im Krieg den Kauf dieser Reihe propagierte.

TECHNISCHE DATEN	
Hersteller	N & W Roanoke
Lieferung/Indienststellung	1948–1952
Spurweite	Normalspur
Bauart	(1'D) D1' h4v
Länge über Puffer	k.A.
Masse	264,0 t
Treibraddurchmesser	1.448 mm
Leistung	4.118 kW
Stückzahl	30

Class I-5 (NH)

Baldwin war der weltgrößte Hersteller von Dampflokomotiven. Für die New York, New Haven & Hartford Railroad (NH) baute dieses Unternehmen 1937 zehn Fahrzeuge, die im Schnellzugverkehr zwischen New Haven und Boston eingesetzt werden und dafür erstmals in den Vereinigten Staaten in eine Stromlinienhaut schlüpfen sollten. Die Achsfolge wurde nach der Class J als „Hudson" bezeichnet. Ihr Plus waren im Vergleich zu den Vorgängerloks I-4 die um 65% niedrigeren Unterhaltskosten bei dennoch höherer Zugkraft. Da die Strecke von New Haven nach Boston nicht schneller als mit 113 km/h befahren werden durfte, blieb ihre Höchstgeschwindigkeit von 193 km/h leider nur theoretisch.

▶ **Wussten Sie schon?**
Diese Baureihe hatte als erste amerikanische eine Stromlinienverkleidung.

Nr. 1401 der I-5. Bild: Sammlung Udo Paulitz

TECHNISCHE DATEN

Hersteller	Baldwin
Lieferung/Indienststellung	1937
Spurweite	Normalspur
Achsfolge	2'C2'
Länge über Puffer	29 m
Masse	165,0 t
Treibraddurchmesser	2.032 mm
Höchstgeschwindigkeit	193 km/h
Stückzahl	10

Standfoto der von Baldwin gebauten I-5. Bild: Sammlung Udo Paulitz

315 999 (NYC & Hudson RR)

Die Nr. 999 der New York Central & Hudson River Railroad drei Tage nach der Rekordfahrt 1893. Bild: Sammlung Udo Paulitz

Den Grundstein für den Ruhm des Empire State Express legte eine typisch amerikanische Dampflokomotive mit der Nummer 999. Um den Konkurrenten Pennsylvania Railroad im Vorfeld der Weltausstellung in Chicago 1893 zu schlagen, wurde mit dieser Lokomotive eine öffentlichkeitswirksame Rekordfahrt durchgeführt: Ziel war, die magische 100-mph-Grenze zu überschreiten, was auch gelang: Am 10. Mai 1893 fuhr die 999 einen Weltrekord von 195,5 km/h zwischen Batavia und Buffalo.

TECHNISCHE DATEN	
Hersteller	West Albany
Lieferung/Indienststellung	1893
Spurweite	Normalspur
Bauart	2'B n2
Länge über Puffer	17,6 m
Masse	92,5 t
Höchstgeschwindigkeit	195 km/h
Leistung	1.600 kW
Stückzahl	1

316 Class Z-5

Class Z-5. Bild: Sammlung Udo Paulitz

Der Prototyp dieser Baureihe, die Lok Nr. 5000, wurde 1928 von ALCo gebaut. Er war damals die größte Dampflok der Welt. Die Northern Pacific Railway beschaffte in den folgenden beiden Jahren noch elf dieser Loks der Yellowstone-Achsfolge. Sie hatten die größte Rostfläche, die es je gab: 16,9 m². Die Z-5 zogen schwere Güterzüge über die Höhen im nördlichen Mittelwesten der USA.

TECHNISCHE DATEN	
Hersteller	ALCo, Baldwin
Lieferung/Indienststellung	1928–1930
Spurweite	Normalspur
Bauart	(1'D) D2' h4
Länge über Puffer	k.A.
Masse	325,0 t
Treibraddurchmesser	1.600 mm
Stückzahl	12

Class J-3a (NYC) „Hudson" 317

Die Class J wurde für die New York Central Railroad ab 1926 gebaut, um Loks mit höherer Zugkraft als die Pacifics zu besitzen. Ihre Achsfolge 2'C2' bekam den Namen „Hudson". In den Vereinigten Staaten war es ja eine lieb gewonnene Tradition, bestimmten Achsanordnungen eigene Namen zu verpassen. 1937 – die ersten beiden Baulose waren 1932 abgeschlossen worden – wurden 50 Hudsons bestellt, die in einer um 20 Prozent verstärkten Version J-3a gebaut wurden. Zehn davon wurden von dem Industriedesigner Henry Dreyfus in eine Stromlinienverkleidung gewandet. Das Besondere daran war, dass die Lokform nicht mehr versteckt, sondern betont wurde. Die J-3a war eine Zweizylinderlok und wog 163 Tonnen, in ihrem Tender führte sie 42 Tonnen Kohle und 68 m^3 Wasser mit. Ihre Verbrennungskammer hatte eine Länge von 1,1 Metern. Der Kesseldruck von 19,3 kp/cm^3 wurde im Planbetrieb später auf 18,6 kp/cm^3 gesenkt. Die J-3a kam vor dem legendären „Empire State Express" zum Einsatz. Nach dem Zweiten Weltkrieg wurde die Stromlinienhülle wieder entfernt. 1956 wurde die letzte J-3a durch eine Diesellok ersetzt.

▶ Wussten Sie schon?
Wegen ihres Aussehens, der stärkeren Leistung und moderner Ausstattung bekam die J-3a den Namen „Super Hudson".

TECHNISCHE DATEN	
Hersteller	ALCo, Lima
Lieferung/Indienststellung	1937
Spurweite	Normalspur
Achsfolge	2'C2'
Länge über Puffer	32 m
Masse	163,0 t
Höchstgeschwindigkeit	193 km/h
Leistung	3.228 kW
Stückzahl	50

Die Class J-3a der New York Central vor dem „Empire State Express". Bild: Sammlung Udo Paulitz

318

Class S-1b

Die S-1b wurden von der New York Central Railroad auf der wichtigen Hauptstrecke von New York nach Chicago eingesetzt. Offizielle Messungen liegen nicht vor, es gibt aber Gerüchte, dass die S-1b eine Höchstgeschwindigkeit von 227 km/h erreicht hätte. Mit dem „Twentieth Century Limited" zog sie einen der berühmtesten Schnellzüge der Welt. Die Schlepptender waren so dimensioniert, dass für die fast 1.500 km lange Strecke zwischen New York und Chicago nur ein einziges Mal bekohlt werden musste.

Class S-1b. Bild: Sammlung Udo Paulitz

TECHNISCHE DATEN

Hersteller	ALCo
Lieferung/Indienststellung	1945–1946
Spurweite	Normalspur
Bauart	2'D2'h2
Länge über Puffer	35 m
Masse	213,0 t
Höchstgeschwindigkeit	208 km/h
Leistung	4.981 kW
Stückzahl	25

Die „6022" mit ihren großen heruntergezogenen Windleitblechen. Bild: Sammlung Udo Paulitz

Class Q2

„6130" der Class Q hier im Zustand von 1947. Bild: Sammlung Degener

Die Pennsylvania Railroad baute von der Baureihe Q2 zunächst einen Prototypen, um die Einsetzbarkeit und Qualität zu prüfen. Nachdem dieser sich bewährte wurden weitere 25 Lokomotiven gefertigt. Die Ausführung als „Duplex"-Lokomotive war eine Besonderheit, die man erst testen wollte. Bei dieser Bauart gibt es zwei Gruppen von Kuppelachsen, die starr in einem gemeinsamen Rahmen gelagert sind. Auf der Testanlage der PRR setzten sie eine Leistung von 5.956 kW um, sie waren damit die stärksten je gebauten Duplex-Loks. Ihre Leistung lag 78 Prozent über denen vergleichbarer Lokomotiven der PRR. Laut Aussagen des Unternehmens schafften sie es, 125 Güterwaggons mit 80 km/h zu befördern. In der Ebene bewegten sie Züge mit über 14.000 t. Auch waren diese Güterzugloks die größten Einrahmen-Loks der Welt. Dennoch setzte die PRR die Loks der Baureihe Q2 nur sieben Jahre ein. Ihr einziger, aber offenbar entscheidender Nachteil waren die deutlich höheren Wartungskosten, die die „Pennsy" letztlich überzeugten, Dieselloks einzusetzen.

▶ Wussten Sie schon?
Weltweit hat es nur etwas mehr als 100 Duplex-Lokomotiven gegeben. Allerdings war leistungsfähigste Dampflok eine Duplex … die Q2!

TECHNISCHE DATEN

Hersteller	PRR Altoona Shops
Lieferung/Indienststellung	1944–1945
Spurweite	Normalspur
Achsfolge	2'BC2'
Länge über Puffer	37 m
Masse	381,0 t
Höchstgeschwindigkeit	k.A.
Leistung	5.696 kW
Stückzahl	26

320

Class S1 (PRR)

Die überaus große und schwergewichtige Dampflokomotive S1 der Pennsylvania Railroad blieb ein Einzelstück. Bild: Sammlung Ulf Degener

Wenn man den Aussagen von Augenzeugen trauen darf, dann war die S1 die schnellste Dampflok der Welt: Sie soll bis zu 240 km/h gefahren sein. Einen Beweis blieben die Amis der Welt jedoch schuldig. Jedenfalls war sie bei ihrer Vorstellung die größte Schnellzuglok der Erde. Auf der New Yorker Weltausstellung von 1939 wurde diese Duplex-Lok bewundert. Im Plandienst jedoch war die Pennsylvania Railroad mit ihr nicht zufrieden, weil sie zum Scheudern und in Kurven zu Entgleisungen neigte. So blieb ihr als Spielwiese nur die ziemlich gerade Strecke zwischen Chicago und Crestline, Ohio. Weil die PRR den Problemen schließlich ein Ende setzen wollte, wurde die schön designte Vierzylinderlok bereits 1949 verschrottet.

Wussten Sie schon?

„The Big Engine" war der Beiname der S1, die mit Abstand die größte einrahmige Dampflok der Welt war.

Fertigung der S1 in Altoona. Bild: Hellbus

TECHNISCHE DATEN

Hersteller	Pennsylvania Railroad
Lieferung/Indienststellung	1939
Spurweite	Normalspur
Bauart	3'BB3' h4
Länge über Puffer	42 m
Masse	226,0 t
Treibraddurchmesser	2.164 mm
Höchstgeschwindigkeit	193 km/h
Leistung	5.884 kW
Stückzahl	1

Sie war schön aber reparaturanfällig: Stromlinienlok T1. Das Styling der Lok stammt von Raymond Loewy. Bild: Sammlung Udo Paulitz

321

Class T1 (PRR)

Lange waren sie nicht auf Schienen zu sehen, die Stromliniendampfloks der Class T1 der Pennsylvania Railroad. Zwei Loks wurden 1942 geliefert, 50 weitere 1945/46. Die Idee zweier unabhängiger, aber an einem gemeinsamen Rahmen angebrachter Triebwerksgruppen (das Konstruktionsprinzip wurde als Duplex-Bauart bekannt), war nicht dumm. Doch die Triebwerke gerieten gern ins Schleudern, denn die Treibachsen trugen lediglich 30 Prozent des Gewichts der T1. Auch waren die Maschinen teuer im Unterhalt. Diese Mängel brachten die Lok bereits bis 1949 aufs Abstellgleis und sie wurde durch Diesellokomotiven ersetzt. Eine teure Fehlkonstruktion, aber dank Designerlegende Raymond Loewy eine sehr schöne.

TECHNISCHE DATEN

Hersteller	Altoona, BLW
Lieferung/Indienststellung	1942, 1945/46
Spurweite	Normalspur
Bauart	2'BB2'h4
Länge über Puffer	37 m
Masse	257,0 t
Höchstgeschwindigkeit	160 km/h
Leistung	4.815 kW
Stückzahl	52

▶ Wussten Sie schon?

Die Class T1 war gebaut worden, ohne dass die Zulassungsprüfung der Pennsylvania Railroad abgeschlossen worden war.

322 Class „Daylight“ GS-4

Daylight SP 4449 entlang des Columbia River kurz vor Wishram/WA (USA) unterwegs. Mit dabei: die Diesellok GE P42DC zur Stromversorgung des Zuges. Bild: Christoph Grimm (Archiv Fern-Express)

Die Southern Pacific (SP) 4449 ist die einzige erhaltene Dampflokomotiven der Baureihe GS-4. GS steht für „Golden State“ abgekürzt, der Beiname Kaliforniens, wo die Lokomotive einst im regulären Dienst liefen. Gebaut wurde die Lok von den Lima Locomotive Works in Lima, Ohio, für SP im Mai 1941. Sie erhielt bereits damals das rot-orange „Daylight“-Farbschema für die Fernschnellzüge.

▶ Wussten Sie schon?
Aktuell ist die 4449 in dem Oregon Rail-Heritage Center in Portland zu Hause, wo sie von einer Gruppe von engagierten Freiwilligen (Freunde der SP 4449) gepflegt wird.

Im Jahr 1956 wurde die 4449 zunächst in den Ruhestand gestellt und gut konserviert eingelagert. 1958 entschied man sich leider, die Lok der Stadt Portland zu schenken, wo sie als Denkmal aufgestellt werden sollte. Wie sich bald zeigte, war dies keine gute Idee: Die Lok wurde vandalisiert, Originalschilder, Pfeife und viele weitere Teile wurden gestohlen. Das traurige Dasein wurde dadurch beendet, dass eine Fachkommission die Lok auswählte, den amerikanischen „Freiheits-Zug“ zur 200-Jahr-Feier durch 48 Staaten zu ziehen. Dazu wurde die Lok komplett neu aufgearbeitet und in den Nationalfarben weiß-rot-blau (mit viel schwarz) lackiert.

TECHNISCHE DATEN

Hersteller	Lima
Lieferung/Indienststellung	1941
Spurweite	Normalspur
Achsfolge	2'D2'
Länge über Puffer	k.A.
Masse	357,8 t
Treibraddurchmesser	2.032 mm
Höchstgeschwindigkeit	180 km/h
Leistung	4.100 kW
Stückzahl	28

Class AC-7

Die Southern Pacific war bekannt für ihre „umgedrehten“ Loks, bei denen der Führerstand zur besseren Sicht nach vorn verlegt war. Die Strecke über die Sierra Nevada hatte viele Tunnels und war im Winter oft tief verschneit. Da kam es auf gute Sicht besonders an. Von allen Serien der Class AC besaß die Southern Pacific über 200 Stück. Mit fast 300 t Gewicht gehören sie zu den schwersten amerikanischen Dampflokomotiven.

Wegen der Rauchbelästigung umgedreht.

TECHNISCHE DATEN

Hersteller	Baldwin
Lieferung/Indienststellung	1936
Spurweite	Normalspur
Achsfolge	(2'D) D1'
Länge über Puffer	k.A.
Masse	298,0 t
Treibraddurchmesser	1.613 mm
Leistung	k.A.
Stückzahl	26

AC-7 „4167“ am Donner Pass in der Sierra Nevada. Bilder: Tom Klinger Collection

Die Class 9000 aus den 1920er-Jahren bildete das Rückgrat des UP-Güterverkehrs bis zum Erscheinen der Challengers. Bild: Sammlung Degener

324

Class 9000

In den 1920er-Jahren hatte die Union Pacific Railroad, die später mit den Challengers und den Big Boys echte Legenden einsetzte, mit der Class 9000 von ALCo eine hervorragende Dreizylinderlok für ihren Güterverkehr bezogen. Sie war als Sechskuppler mit drei Laufachsen ausgelegt. Diese Bauart konnte sich nur bei niedrigeren Geschwindigkeiten bewähren. Aus diesem Grund wurde die zulässige Spitzengeschwindigkeit auf 55 km/h begrenzt. Über die steilen Pässe der Rocky Mountains bewältigte diese Baureihe den schweren Güterzugverkehr stets zuverlässig.

▶ **Wussten Sie schon?**

Rekordgeschwindigkeiten sind in den USA meist Gerüchte: Angeblich ist die Class 9000 auch mit über 100 km/h gut gefahren.

TECHNISCHE DATEN

Hersteller	ALCo
Lieferung/Indienststellung	1926–1930
Spurweite	Normalspur
Bauart	2'F1' h3
Länge über Puffer	31 m
Masse	233,0 t
Treibraddurchmesser	1.702 mm
Höchstgeschwindigkeit	55 km/h
Stückzahl	88

Class FEF-2 (UP)

Die starken Dampfloks der Reihe FEF-2 bewährten sich hervorragend in den USA.

Die Union Pacific Railroad (UP) beschaffte ab 1939 diese Loktype für den Schnellverkehr. Die Maschinen bewährten sich wirklich hervorragend und erreichten mühelos Geschwindigkeiten bis 170 km/h. 1958 beendete die letzte FEF-2 ihren Dienst. Bis auf ein Exemplar wurden alle verschrottet. FEF bedeutete ausgeschrieben „Four eight four“, was nichts anderes war als die Achsformel der Lok: 4-8-4, also 2'D2'. Diese als „Northern“ bekannte Bauart wurde zur größten, die je für Personenzugloks verwendet wurde. Die „Cheyenne Frontier Days“, eine der größten Rodeoveranstaltungen der Vereinigten Staaten, werden jedes Jahr mit Dampfsonderzügen der UP aus Denver mit der FEF-2 „bedient“.

TECHNISCHE DATEN	
Hersteller	ALCo
Lieferung/Indienststellung	1939
Spurweite	Normalspur
Achsfolge	2'D2'
Länge über Puffer	34,6 m
Masse	222,0 t
Treibraddurchmesser	2.032 mm
Höchstgeschwindigkeit	176 km/h
Stückzahl	15

Von den 25 Big Boys ist heute keiner mehr betriebsfähig. Bild: W.u.H. Brutzer

326 Class 4000 „Big Boy“

Die genaue Bezeichnung dieser Dampflok-Giganten lautet: Class 4000. Die 25 von ALCo gebauten Einheiten trugen die Nummern 4000 bis 4024. Die Achsanordnung des Big Boy war gut durchdacht. In der Ebene zog der Big Boy Lasten bis zu 25.000 t. Wenn er unter höchster Leistung fuhr, verbrauchte er in der Stunde zwischen zehn und 25 t Kohle und 45 m^3 Wasser. Dabei wurde eine Höchstgeschwindigkeit von 129 km/h erzielt. Die Zugleistung im Dauereinsatz lag bei über 6.290 PS, das entspricht 4.640 kW. Bei Versuchen wurden sogar Werte von bis zu 8.200 PS gemessen. Obwohl es Dampfloktypen gab, die etwas länger waren (z.B. die PRR S 1), hat der Big Boy den Ruf, die größte Dampflok der Welt zu sein. Bis 1959 wurden sie mit Erfolg eingesetzt.

▶ Wussten Sie schon?

Mit ihren Vierzylinder-Triebwerken konnten diese Lokomotiven Steilrampen bis 1:46 Neigung mit einem 4.000 t schweren Zug bewältigen.

TECHNISCHE DATEN

Hersteller	ALCo
Lieferung/Indienststellung	1941–1944
Spurweite	Normalspur
Bauart	(2'D) D2' h4
Länge über Puffer	40,48 m
Masse	350,2 t
Höchstgeschwindigkeit	129 km/h
Leistung	4.640 kW
Stückzahl	25

Ein Challenger läuft 1957 vor einem Güterzug. Bild: Sammlung Ulf Degener

327

Class „Challenger“

Die als Class 3950 bezeichnete US-amerikanische Baureihe war die wohl stärkste Dampflok, die je im Plandienst vor Schnellzügen zum Einsatz kam. Dabei wurden zum Teil mehr als 20 schwere Schnellzug-Stahlwagen an den Haken des Challengers gehängt. Überwiegend wurden diese Dampfgiganten allerdings vor schweren Güterzügen eingesetzt.Der „Challenger“ war eine Mallet-Lok mit zwei dreiachsigen Triebwerken und jeweils zwei zusätzlichen Laufradachsen. Dieses Konstruktionsprinzip machte es möglich, eine 37 Meter lange Dampflok sicher durch die Kurven zu führen und gleichzeitig die riesige Maschine zu tragen. Die Feuerbüchse hatte eine gewaltige Rostfläche von 12,3 m². Seine Höchstgeschwindigkeit im Reiseverkehr erreichte der Challenger auf der Strecke zwischen Los Angeles und Las Vegas. Abgesehen vom „Big Boy“, der ebenfalls von ALCo gebaut wurde, war der Challenger die größte Dampflok der Welt. Ab 1945 wurden mehrere Exemplare auf Ölfeuerung umgebaut. 1958 unterlag der letzte Challenger dem Ansturm der Dieselloks.

▶ Wussten Sie schon?

Die Nr. 3985 (siehe folgende Seite) ist heute die weitaus größte betriebsfähige Dampflokomotive der Welt.

TECHNISCHE DATEN

Hersteller	ALCo
Lieferung/Indienststellung	1936–1944
Spurweite	Normalspur
Achsfolge	(2'C) C2'
Länge über Puffer	37 m
Masse	287,0 t
Treibraddurchmesser	1.753 mm
Höchstgeschwindigkeit	112 km/h
Stückzahl	105

„Challenger“ 3985 der UP durcheilt den Echo Canyon von Ogden in Richtung Laramy/USA.

328 Challenger 3985

Zur großen Freude der Eisenbahnfreunde aus aller Welt ist tatsächlich eine der grandiosen Loks betriebsfähig erhalten. Die 3985 ist damit eine der weltweit größten noch betriebsfähigen Lokomotiven. Ihren letzten „regulären“ Zug zog sie bereits 1957. Dank des Traditionsbewusstsein der Verantwortlichen bei der Union Pacific (UP) ist seit Jahrzehnten immer mindestens eine große Dampflok einsatzbereit und wird bei zahlreichen Ereignissen angeheizt. Aktuell wird sogar wieder ein Big Boy aufgearbeitet. Die Challenger 3985 hatte ihre große Zeit in den 1990ern, unter anderem bei der Steam Convention in Kalifornien, wohin sie mit Sonderzügen quer durch die Staaten aus eigner Kraft fuhr. Aktuell wartet sie auf die neue Aufarbeitung, muss aber dem Big Boy den Vorrang lassen.

Wussten Sie schon?

Die 3985 war lange Jahre die größte betriebsfähige Dampflok der Welt. Derzeit wird sie überholt. Es „droht“ jedoch die Ablösung durch einen „Big Boy“ der UP, der ebenfalls in Aufarbeitung ist.

TECHNISCHE DATEN

Hersteller	ALCo
Lieferung/Indienststellung	1941–1944
Spurweite	Normalspur
Bauart	(2'D) D2' h4
Länge über Puffer	40,48 m
Masse	350,2 t
Höchstgeschwindigkeit	129 km/h
Leistung	4.626 kW
Stückzahl	25

329

Class 5001

TECHNISCHE DATEN

Hersteller	Baldwin
Lieferung/Indienststellung	1938
Spurweite	Normalspur
Bauart	1'E2' h2
Masse	247,0 t
Höchstgeschwindigkeit	120 km/h
Stückzahl	35

Die Loks wurden zur Beförderung leicht verderblicher Waren eingesetzt, die dank der für eine damalige Güterzuglok erstaunlichen Fahrgeschwindigkeit von 120 km/h gut ankamen.

Die Class 5001 hatte sehr große Treibräder.
Bild: Sammlung Udo Paulitz

330

Baureihe 14

Die Rhodesische Eisenbahn (RR) war zunächst für beide später getrennten Staatsteile (Zambia und Rhodesien) zuständig. Für die Streckendienste setzten sich sehr früh, ab 1926, die Garratt-Bauarten durch. Sie waren einfach zu handhaben, mussten nicht gewendet werden und hatten vergleichbar geringe Achsdrücke. Nach der nicht ganz so erfolgreichen Baureihe 13 wurde 1928 die darauf aufbauende, verbesserte Baureihe 14 beschafft. 1950 bestellte die RR eine modernisierte Version der 14 für Nebenbahnen in Südrhodesien. Die 18 Loks wurden als 14A bezeichnet.

Eine Garratt der Baureihe 14 in Bulawayo.

TECHNISCHE DATEN

Hersteller	Beyer Peacock
Lieferung/Indienststellung	1928–1929, 1953
Spurweite	Kapspur (1.067 mm)
Bauart	(1'C1') (1'C1') h4
Leistung	k.A.
Stückzahl	46

331

Baureihe 20

Eine der mächtigen 20er vor dem Depotschuppen in Bulawayo, Juli 1984

Die gegenüber den vorangegangenen Garratt-Bauarten der RR deutlich vergrößerte Achslast ermöglichte eine erhebliche Leistungssteigerung. Als erste und einzige Bauart in Rhodesien erhielten die Maschinen eine Stoker-Feuerung. Weitere technische Merkmale waren Barrenrahmen, Kraftumsteuerung, Drehzapfen mit selbständiger Nachstellung und Feuerschirm-Wasserrohre. Die Klasse 20A unterscheidet sich von der Klasse 20 nur in der Größe der inneren Laufräder.

Zunächst hatten die 20/20A erhebliche Probleme: Rahmenbrüche, Schäden an den Feuerbüchsen. Nach Behebung dieser Probleme erfüllten die Maschinen die Erwartungen, sie waren die leistungsfähigsten Lokomotiven und konnten Züge mit 1.270 t über eine Steigung von 15,5 Promille befördern. Auch die 20er wurden in das Rekonstruktionsprogramm einbezogen, von 1980 bis 1983 wurden die noch vorhandenen Loks grundüberholt und modernisiert. Die rekonstruierten Lokomotiven wurden im Eisenbahnknoten Bulawayo stationiert und auf den von dort ausgehenden Strecken eingesetzt.

TECHNISCHE DATEN

Hersteller	Beyer Peacock
Lieferung/Indienststellung	1954, 1957
Spurweite	Kapspur (1.067 mm)
Bauart	(2'D1') (1'D2') h4
Länge über Puffer	31,5 m
Masse	222,0 t
Treibraddurchmesser	1.295 mm
Höchstgeschwindigkeit	70 km/h
Stückzahl	61

332

Baureihe 16

Die Baureihe 16 war eine Weiterentwicklung der Garratt-Baureihe 14 vor schwere Züge. Die Lokomotiven waren in der Lage, 700-Tonnen-Züge über eine 1:40-Steigung zu befördern und wurden ab 1929 sowie nochmal mit zwölf Stück in 1938 bestellt.

Nach der beginnenden Verdieselung ab Anfang der 1960er wurden einige Loks nach Angola zur Benguela-Strecke und nach Südafrika an Minenbahnen verkauft. In Rhodesien war lange Jahre ihr Haupteinsatzgebiet die Strecke Umtali–Salisbury (heute: Harare). Einige Maschinen hielten sich jedoch bis weit über den Jahrtausendwechsel im Rangiereinsatz.

Baureihe 16 der RR vor der Bekohlung in Bulawayo.

TECHNISCHE DATEN

Hersteller	Beyer Peacock
Lieferung/Indienststellung	1929, 1938
Spurweite	Kapspur (1.067 mm)
Bauart	(1'D1')(1'D1') h4
Masse	k.A.
Leistung	k.A.
Stückzahl	29

333

Baureihe 15

Die guten Laufeigenschaften der Baureihe 16 ließen den Wunsch nach einer auch für höheren Geschwindigkeiten auf Hauptstrecken geeignete Lokomotive mit größeren Treibrädern aufkommen. Die Lokomotiven bewährten sich und fielen vor allem durch geringe Wartungs- und Reparaturzeiten auf, sie erbrachten fast 10.000 km Laufleistungen im Monat. Stammstrecke der Klasse 15 war die internationale, 775 km lange Verbindung zwischen Bulawayo und Mafikeng in Südafrika. Wegen der ab 1978 steigenden Ölpreise beschlossen die NRZ ein Rekonstruktionsprogramm für die Dampfloks, weil diese mit billiger einheimischer Kohle betrieben werden konnten.

Eine 15er rangiert 1980 im damals noch britisch besetzten Bulawayo.

TECHNISCHE DATEN

Hersteller	Beyer Peacock
Lieferung/Indienststellung	1939–1952
Spurweite	Kapspur (1.067 mm)
Bauart	(2'C2') (2'C2') h4
Länge über Puffer	k.A.
Masse	183,8 t
Treibraddurchmesser	1.447 mm
Höchstgeschwindigkeit	k.A.
Stückzahl	74

41 360

Ostern 2010 tobt die 41 360 im Rahmen des Eifel-Dampflok-Festivals mit beeindruckender Geschwindigkeit und Rauchfahne mit einem Planzug die Steigung von Jünkerath nach Blankenheim hinauf.

Anhang

Abkürzungen

BMAG	Berliner Maschinenbau AG vormals Schwartzkopff
BMMF	Erste Böhmisch-Mährische Maschinenfabrik
BMMF	Böhmisch-Mährische Maschinenfabrik
BP	Beyer Peacock
ČKD	Českomoravská-Kolben-Danek
CLC	Canadian Locomotive Company
CLW	Chittaranjan Locomotive Works
DHR	DHR Tindharia Works
kkStB	k.u.k. Staatsbahnen (kkStB), auch k.k. österreichische Staatsbahnen
LNER	London and North Eastern Railway
MLW	Montreal Locomotive Works
MWG	Mecklenburgische Maschinen- und Waggonbau AG Güstrow
NB	North British Loco Co.
NOHAB	Nydqvist och Holm
O&K	Orenstein & Koppel
SLM	Schweizerische Lokomotiv und Maschinenfabrik Winterthur
SOEG	Sächsisch-Oberlausitzer Eisenbahn-Gesellschaft
StEG	k.k. landesbefugte Maschinen-Fabrik in Wien der privilegierten österreichisch-ungarischen Staats-Eisenbahn-Gesellschaft
WNL	Wiener Neustadt Lokomotivfabrik

Hinweis

Nach dem Ersten Weltkrieg wurde 1920 die „Deutsche Reichsbahn" („DR") gegründet. Diese wurde 1924 in die Deutsche Reichsbahn-Gesellschaft („DRG") überführt. Nach dem Zweiten Weltkrieg wurde 1949 auf dem Gebiet der westalliierten Besatzungsmächte die „Deutsche Bundesbahn" („DB") gegründet (die nachfolgenden Namenverwirrungen spielen keine Rolle, weil es zu diesem Zeitpunkt keine Dampfloks mehr im Bestand gab) und auf dem von der UdSSR besetzten Gebiet wurde die „Deutsche Reichbahn" („DR") im Grunde „fortgeführt". Die Doppelung der „DR" und der Übergang führt bei nicht genauem Hinsehen zu Verwirrungen, daher wurde, außer bei klaren zeitlichen Zuordnungen, in der Zeit zwischen den Weltkriegen von der „DRG" und in der Zeit nach dem Zweiten Weltkrieg von „DB" und „DR" gesprochen.

Bibliographie

Dörflinger, Michael: 333 Lokomotiven, die man kennen muss. München 2015

Durrant, A.E.: The Garratt Locomotive. New Abbot (GB) 1969

Koch, Karl-W.: Indonesien – Museen und Denkmäler. In: Fern-Express 2/2003

Machel, W.-D.: Enzyklopädie der deutschen Schmalspurbahn. München 2011

Maedel, K.-E.: Aus der Dampflokzeit. München 1997

Müller, Johannes: Syrien. In: Dampf & Reise 1/1989

Rabanser, Markus: Betriebsfähige Dampflokomotiven in Bulgarien. In: Fern-Express 2/2014

Regierung von Südafrika: South Africa – Last Stronghold of Steam. Johannesburg 1978

Reimer/Endisch: Baureihe 52.80. München 2001

Schneeberger, Michael: Mit Dampf durch die Karpaten. In: Fern-Express 1/2007

Wiegard, H.: Reko- und Neubaudampfloks der DR. München 2001

Für Touristenzüge wurden einige Garratt-Lokomotiven in Simbabwe, dem früheren Rhodesien in Phantasie-Farben lackiert. Die 15-419 erwischte es in einem gefälligen Blauton.

Internetquellen

http://www.5519.lu/
http://www.albert-gieseler.de/dampf_de/lokdaten15
http://www.american-rails.com/4960.html
http://www.brienz-rothorn-bahn.ch/wissen/technik/lokomotiven/lok-nr-12141516.html
http://www.brienz-rothorn-bahn.ch/wissen/technik/lokomotiven/lok-nr-1-5.html
http://www.cassrailroad.com/shay3.html
http://www.enuii.org/vulcan_foundry/magazine
http://www.ferendeci.com/trains/LocoRoster/CL44000_tr.htm
http://www.guidorademacher.de/Werkbahnen
http://www.historiskt.nu/rullande/cc_loken/cc_loken.html
http://www.kosrail.de/01.html
http://www.msrlha.org/roster-locos.html#shay6
http://www.soeg-zittau.de/
http://www.steamlocomotive.com/consolidation/
http://www.steamlocomotive.info/shownotes.cfm?Loco=303
http://www.steamlocomotive.info/vlocomotive.cfm?Display=7284
http://www.svenska-lok.se/damp_solo.php?s=19&lokid=2263
http://www.tegernsee-bahn.de/portfolio/tag-7
http://www.uef-dampf.de/-schnellzug/pages/fahrzeuge/011066.html
http://www.undercover-club.de/news/12/15/0/dampflok-sj-f-1200
http://www.werkbahn.de/eisenbahn/lokbau/museum/pres_henschel.htm
https://www.farrail.com/seiten/touren/syrien-jordanien-2007.html
https://www.kettlevalleyrail.org/experience/our-locomotives/
www.bahnschranke.pxtr.de
www.wikipedia.de; www. wikipedia.en sowie drittsprachige Wikipedia-Quellen verschiedener Länder zu verschiedenen Baureihen

Die Internetseiten wurden im Zeitraum Mai bis Oktober 2016 abgerufen.

Die Challenger gehörte zu den größten amerikanischen Dampfloks. Hier fährt Nr. 3985, die größte noch betriebsfähige Dampflok der Welt, mit 100 km/h über den Altamont-Pass im Norden Kaliforniens. Bild: Karl-Wilhelm Koch

X3985
X3985

Eine Garratt der Baureihe GF der SAR Weg zur Montague-Passhöhe, Juli 1997.

Unser komplettes Programm finden Sie unter

www.geramond.de

Verantwortlich: Lothar Reiserer
Satz: Azurmedia, Augsburg
Lektorat: Michael Dörflinger
Repro: Cromika, Verona
Herstellung: Alexander Knoll
Einbandgestaltung: Ralph Hellberg
Printed in Italy by Printer Trento

★★★★★

Sind Sie mit diesem Titel zufrieden? Dann würden wir uns über Ihre Weiterempfehlung freuen. Erzählen Sie es im Freundeskreis, berichten Sie Ihrem Buchhändler, oder bewerten Sie das Werk online. Und wenn Sie Kritik, Korrekturen Aktualisierungen haben, freuen wir uns über Ihre Nachricht an den GeraMond Verlag, Postfach 40 02 09, D-80702 München oder per E-Mail an lektorat@geramond.de.

Die Abbildungen stammen, soweit nicht anders angegeben, vom Verfasser. Abbildungen mit (1) markiert, stammen von WikiMedia und sind unverändert abgebildet.

Alle Angaben dieses Werkes wurden von den Autoren sorgfältig recherchiert und auf den aktuellen Stand gebracht sowie vom Verlag geprüft. Für die Richtigkeit der Angaben kann jedoch keine Haftung übernommen werden. Für Hinweise und Anregungen sind wir jederzeit dankbar. Bitte richten Sie diese an:
GeraMond Verlag
Lektorat Postfach 40 02 09
D-80702 München
E-Mail: lektorat@geramond.de

Die Deutsche Nationalbibliothek verzeichnet diese Publikation in der Deutschen Nationalbibliografie, detaillierte bibliografische Daten sind im Internet über http://dnb.d-nb.de abrufbar.

ISBN 978-3-95613-022-9

Ebenfalls erhältlich ...

ISBN 978-3-95613-413-5

ISBN 978-3-86245-748-9

ISBN 978-3-95613-023-6

ISBN 978-3-95613-000-7

GeraMond

www.geramond.de

Während der Strecken-Unterbrechung durch die Überflutung pendelte am 25. März 2005 die Gastlok 99 1564 mit ihrem Sonderzug bei Malter auf der Reststrecke der Schmalspurbahn Freital-Hainsberg–Kipsdorf.